ISW 34

Berichte aus dem Institut für Steuerungstechnik
der Werkzeugmaschinen und Fertigungseinrichtungen
der Universität Stuttgart

Herausgegeben von Prof. Dr.-Ing. G. Stute

J. Hesselbach

Digitale Lageregelung an numerisch gesteuerten Fertigungseinrichtungen

Springer-Verlag
Berlin · Heidelberg · New York 1981

D 93

Mit 56 Abbildungen

ISBN-13: 978-3-540-10641-8   e-ISBN-13: 978-3-642-81609-3
DOI: 10.1007/978-3-642-81609-3

Geleitwort des Herausgebers

Das Institut für Steuerungstechnik der Werkzeugmaschinen und Fertigungseinrichtungen der Universität Stuttgart befaßt sich mit den neuen Entwicklungen der Werkzeugmaschinen und anderen Fertigungseinrichtungen, die insbesondere durch den erhöhten Anteil der Steuerungstechnik an den Gesamtanlagen gekennzeichnet sind. Dabei stehen die numerisch gesteuerten Werkzeugmaschinen in Programmierung, Steuerung, Konstruktion und Arbeitseinsatz sowie die vermehrte Verwendung des Digitalrechners in Konstruktion und Fertigung im Vordergrund des Interesses.

Im Rahmen dieser Buchreihe sollen in zwangloser Folge drei bis fünf Berichte pro Jahr erscheinen, in welchen über einzelne Forschungsarbeiten berichtet wird. Vorzugsweise kommen hierbei Forschungsergebnisse, Dissertationen, Vorlesungsmanuskripte und Seminarausarbeitungen zur Veröffentlichung.

Diese Berichte sollen dem in der Praxis stehenden Ingenieur zur Weiterbildung dienen und helfen, Aufgaben auf diesem Gebiet der Steuerungstechnik zu lösen. Der Studierende kann mit diesen Berichten sein Wissen vertiefen.

Unter dem Gesichtspunkt einer schnellen und kostengünstigen Drucklegung wird auf besondere Ausstattung verzichtet und die Buchreihe im Fotodruck hergestellt.

Der Herausgeber dankt dem Springer-Verlag für Hinweise zur äußeren Gestaltung und Übernahme des Buchvertriebs.

Gottfried Stute

Inhalt   Seite

Schrifttum

/1/ Schmid, D.:   Numerische Bahnsteuerung - Beitrag
zur Informationsverarbeitung und Lageregelung.
Berlin, Heidelberg, New York:
Springer-Verlag 1972.

/2/ Schmid, D.:   Optimierung eines Geschwindigkeitsregelkreises mit Hydraulikmotor.
Esssen: Girardet-Verlag, HGF Kurzberichte (Loseblattsammlung), Blatt 70/78.

/3/ Boelke, K.:   Beitrag zur Analyse und Beurteilung
von Lagesteuerungen für numerisch gesteuerte Werkzeugmaschinen.
Berlin, Heidelberg, New York:
Springer-Verlag 1977.

/4/ Böbel, K.-H.:   Rechnerunterstützte Auslegung von Vorschubantrieben.
Berlin, Heidelberg, New York:
Springer-Verlag 1977.

/5/ Kopperschläger, F. D.:   Über die Auslegung mechanischer Übertragungselemente an numerisch gesteuerten Werkzeugmaschinen.
Diss. TH. Aachen, 1969.

/6/ Hodel, U.:   Mechanische Übertragungsglieder in
"Die Lageregelung an Werkzeugmaschinen", 3. überarbeitete Auflage, 1975.
Herausgeber: Prof. Dr.-Ing. G. Stute
Stuttgart: Selbstverlag Forschungsinstitut für Steuerungstechnik der
Werkzeugmaschinen und Fertigungseinrichtungen i. d. Institutsgemeinschaft
Stuttgart e.V. .

/7/ Autorenkollektiv: MPST-Modulares Mehrprozessorsteue-
                      rungssystem.
                      Karlsruhe: Kernforschungszentrum
                      Karlsruhe GmbH, KfK - PDV - 145, 1979.

/8/ Hesselbach, J.:   Einsatz eines Mikrorechners zur Be-
                      stimmung des Zeitverhaltens von Vor-
                      schubantrieben.
                      Essen: Girardet-Verlag, HGF Kurzbe-
                      richte (Loseblattsammlung), Blatt 79/1.

/9/ Herold, J. H.,   Die numerische Steuerung in der Ferti-
     Maßberg, W.,   gungstechnik.
     Stute, G.:   Düsseldorf: VDI-Verlag 1971.

/10/ Boehringer, A., Entwicklung eines drehzahlgesteuer-
     Stute, G.,   ten Drehstrom-Asynchronmotor-Antriebs
     Ruppmann, C.,   für Werkzeugmaschinen.
     Vogt, G.,   wt - Z. ind. Fertig. 69 (1979) Nr. 8,
     Würslin, R.:   S. 463...473.

/11/ Gose, H.:   CNC-geregelte diskrete Lageregelkrei-
                      se bei numerischen Mehrachsenbahn-
                      steuerungen.
                      wt - Z. ind. Fertig. 67 (1977) Nr. 8,
                      S. 455...459.

/12/ van Brussel, H., Microprocessors in Hierarchical
     Simons, J.:   Control Systems, Annals of the CIRP,
                      Vol. 27/1/1978

/13/ Claussen, U.:   Motorregelung mit Mikrorechner.
                      Regelungstechnische Praxis 20
                      (1978) Nr. 12, S. 355...359.

/14/ Schnieder, E.:   Control of DC-Drives by Micropro-
                      cessor. 2nd IFAC Symposium on Control
                      in Power Electronics and Electrical
                      Drives, Düsseldorf 1977.

/15/ Stute, G.,   Mikrorechner in der Antriebstechnik,
     Hesselbach, J.: VDI-Bericht Nr. 348.
                      Düsseldorf: VDI-Verlag 1979.

/16/ Isermann, R.:   Digitale Regelsysteme.
                    Berlin, Heidelberg, New York:
                    Springer-Verlag 1977 .

/17/ Ackermann, J.:   Abtastregelung.
                    Berlin, Heidelberg, New York:
                    Springer-Verlag 1972 .

/18/ Hesselbach, J.:   Optimierung linearer Lageregelkreise
                    in "Die Lageregelung an Werkzeugma-
                    schinen".
                    4. überarbeitete Auflage, 1979.
                    Herausgeber: Prof. Dr.-Ing. G. Stute
                    Stuttgart: Selbstverlag Verein der
                    Freunde und ehemaligen Mitarbeiter
                    des Instituts für Steuerungstechnik
                    der Werkzeugmaschinen und Fertigungs-
                    einrichtungen der Universität Stutt-
                    gart e. V. .

/19/ Stof, P.:   Untersuchungen über die Reduzierung
                    dynamischer Bahnabweichungen bei
                    numerisch gesteuerten Werkzeugma-
                    schinen.
                    Berlin, Heidelberg, New York:
                    Springer-Verlag 1978.

/20/ Weihrich, G.:   Drehzahlregelung von Gleichstroman-
                    trieben unter Verwendung eines Zu-
                    stands- und Störgrößen-Beobachters.
                    Regelungstechnik (1978) Heft 11,
                    S. 349...380.

/21/ Lauber, R.:   Vorlesung Regelungstechnik III.
                    Universität Stuttgart .

/22/ Freund, E.:   Path Control for a Redundant Type
                    of Industrial Robot.
                    Proceedings of the 7th International
                    Symposium on Industrial Robots.
                    Tokyo, Japan 1977.

/23/ Hopfengärtner,   Modellbildung und Regelung elektri-
      H.:   scher Servoantriebe am Beispiel eines
                      Industrieroboters.
                      Diss. Universität Erlangen, 1980 .

/24/ Keppeler, M.:   Führungsgrößenerzeugung für Handha-
                      bungssysteme zur Reduzierung des
                      kinematischen Fehlers.
                      Essen: Girardet-Verlag, HGF-Kurzbe-
                      richte (Loseblattsammlung) Blatt 80/6.

Formelzeichen und Abkürzungen

Formelzeichen

$\underline{A}$ $(n \times n)$-Zustandsmatrix des diskretisierten Systems

$\underline{A}_e$ erweiterte $(n \times n)$-Zustandsmatrix des diskretisierten Systems

$\underline{A}_0$ $(n \times n)$-Zustandsmatrix des kontinuierlichen Systems

a_i Istbeschleunigung des Vorschubantriebs

a_{Mi} Istbeschleunigung des Motors (umgerechnet auf eine Vorschubbewegung)

a_{zi} Istbeschleunigung in Z-Richtung

$\underline{b}$ $(n \times 1)$-Eingangs- oder Steuervektor des diskretisierten Systems

$\underline{b}_e$ erweiterter $(n \times 1)$ Steuervektor des diskretisierten Systems

$\underline{b}_0$ $(n \times 1)$-Steuervektor des kontinuierlichen Systems

$\underline{c}$ $(n \times 1)$-Ausgangsvektor der Regelstrecke

$c_{0,1}$ Koeffizienten des diskreten PI-Geschwindigkeitsreglers

C_K Maß für die Rückwirkung der mech. Übertragungsglieder auf den Drehzahlregelkreis

D_A Dämpfungsgrad des Drehzahlregelkreises

D_{mech} Dämpfungsgrad der mech. Übertragungsglieder

e_a Eckenabweichung

f Frequenz

$\underline{I}$ Einheitsmatrix

I_D Wert eines diskreten Gütekriteriums

I_{ISE} Integralkriterium der quadratischen Regelfläche

I_{SV} Summenkriterium der quadratischen Vergleichsregelfläche

I_M Motorstrom

k Abtastschritt

$\underline{K}$ $(n \times 1)$-Vektor der Verstärkungsfaktoren

K_v Geschwindigkeitsverstärkung

m Beobachterordnung

M_L Lastmoment

M_M Motormoment

M_R Reibmoment

n Systemordnung

r Bewertung der Steuergröße

p komplexe Variable

$R(z)$ charakteristische Gleichung des Regelkreises

$\underline{Q}$ $(n \times n)$-Bewertungsmatrix der Zustandsgrößen

T Abtastzeit

T_B Pulsbreite

T_e elektrische Zeitkonstante einer Gleichstromnebenschlußmaschine

T_E Einschwingzeit

T_{gr} Grenzwert der Abtastzeit

T_m mech. Zeitkonstante einer Gleichstromnebenschlußmaschine

T_R Reaktionszeit des Regelalgorithmus

T_{Rech} — Rechenzeit des Regelalgorithmus

T_t — Totzeit

u_B — Bahn- bzw. Verfahrgeschwindigkeit, Bezugsgröße

u_i — Istgeschwindigkeit des Vorschubantriebs

u_{ib} — aus dem Lagesignal berechnete Vorschubgeschwindigkeit

u_{Mi} — Istgeschwindigkeit der Motorwelle (umgerechnet auf eine Vorschubbewegung)

u_G — Ausgangssignal des Geschwindigkeitsreglers

u_s — Sollgeschwindigkeit, Steuergröße

u_{zi} — Istgeschwindigkeit in Z-Richtung

u_{zs} — Sollgeschwindigkeit in Z-Richtung

u_σ — Störung des Geschwindigkeitsmeßsignals

$\ddot{u}$ — Überschwingweite

$\ddot{u}_a$ — Überschwingabweichung

v — Hilfsvariable

$\underline{x}$ — (n x 1)-Zustandsvektor

x_a — Ausgangsgröße

x_i — Lage-Istwert

x_{Mi} — Istposition der Motorwelle (umgerechnet auf eine Vorschubbewegung)

x_L — Lastgröße

x_R — Raumkoordinate x

x_s — Lage-Sollwert

y_R — Raumkoordinate y

z — Komplexe Variable z-transformierter zeitdiskreter Funktionen

z_{Bi} — Beobachterpole

z_i — Regelungspole

z_{Mi} — Position der Motorwelle in der Z-Achse

z_R — Raumkoordinate z

α_{ci} — Istwert der Winkelbeschleunigung in C-Richtung

$\left.\begin{array}{l}\alpha_j \\ \beta_j \\ \gamma_j\end{array}\right\}$ — Beobachterkoeffizienten (j = 1...m)

δu — kleinste erfaßbare Geschwindigkeitsänderung

δx — Auflösung des Lagemeßsystems

ε_u — Unempfindlichkeitsbereich des Antriebs

ε_{amax} — Maß für die Parameterempfindlichkeit eines Beobachters

$\varepsilon_{\sigma max}$ — Maß für die Empfindlichkeit eines Beobachters hinsichtlich Störungen des Meßsignals

η — Verhältnis der Kennkreisfrequenzen von mech. System und Drehzahlregelkreis

ϑ_j — Beobachterkoeffizienten (j = 1...m)

λ — Verhältnis von mechanischer zu elektrischer Zeitkonstante

ρ_j — Beobachterkoeffizienten (j = 1...m)

τ — dimensionslose Zeit

φ_{cs} — Winkelsollwert in C-Richtung

φ_{Mci} — Istwert des Motorwinkels (umgerechnet auf eine Vorschubbewegung) in C-Richtung

ω_{ci} — Istwert der Winkelgeschwindigkeit in C-Richtung

ω_{cs}	Sollwert der Winkelgeschwindigkeit in C-Richtung	ω_{Omech}	Kennkreisfrequenz der mechanischen Übertragungsglieder (angenähert als Verzögerungsglied 2. Ordnung)
ω_{gr}	Grenzkreisfrequenz	$\hat{}$	Zeichen für geschätzte Größen
ω_{Mci}	Istwert der Motorwinkelgeschwindigkeit (umgerechnet auf eine Vorschubbewegung) in C-Richtung	$-$	Zeichen für Vektoren und Matrizen
ω_{0A}	Kennkreisfrequenz des Drehzahlregelkreises mit dem Zeitverhalten eines Verzögerungsgliedes 2. Ordnung	$\check{}$	Zeichen für transponierte Vektoren
		Δ	Differenz

Mehrfach benutzte Indizes

i	Ist-
max	Maximal-
min	Minimal
s	Soll-
M	Motor-
c	in C-Richtung
z	in Z-Richtung
P	bei einem Proportionalregler
Z	bei einem Zustandsregler

Abkürzungen

A/D	Analog/Digital
CNC	Computerized Numerical Control
D/A	Digital/Analog
I	Integral-
NC	Numerical Control
P	Proportional-
PI	Proportional-Integral-
PID	Proportional-Integral-Differential-
Z	Zustands-

1 Einführung und Aufgabenstellung

Die Aufgabe der numerischen Steuerung besteht im wesentlichen darin, den Bewegungsablauf an einer Arbeitsmaschine (z. B. Werkzeugmaschine) zu automatisieren. Dazu verfügt sie generell über Einrichtungen zur Lageregelung. Diese sind eine unabdingbare Voraussetzung dafür, daß die von der numerischen Steuerung vorgegebenen Weg- und Geschwindigkeitsinformationen selbsttätig in das gewünschte Arbeitsergebnis umgesetzt werden.
Da das Verhalten der Lageregelkreise die Qualität des Arbeitsergebnisses unmittelbar beeinflußt, war die Analyse und Auslegung von Lageregelkreisen bzw. ihre Komponenten bereits Gegenstand zahlreicher Arbeiten. Die Untersuchungen konzentrierten sich dabei auf

- die Parameteroptimierung zeitkontinuierlich arbeitender
  Lage- und Geschwindigkeitsregelungen /1, 2/ und

- die Dimensionierung von Vorschubantrieben einschließlich
  der mechanischen Übertragungsglieder /3, 4, 5, 6/.

Zur Wahl der geeigneten Regelstrategie bei gegebener Struktur der Regelstrecke, sowie zum Verhalten digitaler Lageregelkreise, liegen jedoch nur wenige Aussagen vor.

Betrachtet man die augenblickliche Entwicklung der Steuerungstechnik, so ist diese u. a. durch die steigende Zahl numerischer Steuerungen auf der Basis eines oder mehrerer Digitalrechner (z. B. Mikrorechner /7/) gekennzeichnet. Als Folge davon werden auch hier zunehmend die verbindungsprogrammierten von speicherprogrammierten Regelbausteinen verdrängt. Die Flexibilität derartiger Bauelemente erlaubt nicht nur eine leichte Anpassung der Problemlösung an wechselnde Arbeitsbedingungen, sondern auch die Übernahme mehrerer Aufgaben (quasi-)gleichzeitig. Der Rechner kann also verschiedene festverdrahtete Bausteine mit speziellen Signalerzeugungs- und Verknüpfungsfunktionen ersetzen. Er reduziert damit den gerätetechnischen Aufwand und erlaubt die Lösung komplexer Aufgaben.

Mögliche Beispiele hierfür sind:

- Übernahme der Feininterpolation, der Lageregelung und der unterlagerten Geschwindigkeitsregelung in mehreren Maschinenachsen;

- Ermittlung des Zeitverhaltens der Regelstrecke /8/ und Inbetriebnahme der Regelung (z. B. Einstellung der Reglerparameter) durch den Rechner;

- Realisierung leistungsfähiger, aber "aufwendiger" Regelalgorithmen ohne nennenswert vergrößerten gerätetechnischen Aufwand (s. Abschnitt 7).

Das zuletzt angesprochene Beispiel ist besonders im Zusammenhang mit bestimmten Veränderungen im Anwendungsbereich der NC-Technik (Numerical Control) von Bedeutung, wie z. B.

- der Erhöhung der Arbeitsgeschwindigkeiten der Maschinen bei gleichbleibenden Genauigkeitsanforderungen oder

- dem zunehmenden Einsatz numerischer Bahnsteuerungen bei Maschinen, die nicht zu den herkömmlichen Werkzeugmaschinen zählen (z. B. Industrieroboter).

Aus konstruktiven Gründen können dabei oft die bei Werkzeugmaschinen gültigen Anforderungen an die Auslegung der mechanischen Übertragungsglieder /6/ nicht eingehalten werden. Besonders die Lageregelung an Maschinen mit elastischen, mechanischen Übertragungsgliedern führt in Verbindung mit hohen Arbeitsgeschwindigkeiten zu regelungstechnischen Problemstellungen, die mit den Methoden der "klassischen" Lageregelung nicht mehr befriedigend zu lösen sind.

Aufgrund der vorangegangenen Überlegungen werden folgende Teilaufgaben der vorliegenden Arbeit formuliert:

a) Integration der konventionellen Kaskadenstruktur des Lageregelkreises in einen Digitalrechner

b) Untersuchung von Regelstrategien, die auch in den oben angeführten Fällen eine befriedigende Lageeinstellung der NC-Maschine sicherstellen.

Unter dem Begriff NC-Maschinen werden dabei im weiteren alle numerisch gesteuerten Maschinen, wie z. B. Werkzeugmaschinen oder Industrieroboter, zusammengefaßt.

2 Der Aufbau digitaler Regelsysteme zur Lageeinstellung an NC-Maschinen

2.1 Stand der Technik

Die Aufgabe von Lageregelkreisen an numerisch bahngesteuerten Maschinen /9/ besteht darin, die Vorschubeinheiten in den einzelnen Maschinenachsen selbsttätig dem zeitlichen Verlauf vorgegebener Führungsgrößen nachzuführen. Die Führungsgrößen stellt die numerische Steuerung entsprechend einer geforderten Werkstückkontur bereit.

Die Lageregelung selbst gliedert sich in zwei Teilaufgaben (<u>Bild 2.1</u>)

a) die Verarbeitung der Meßsignale (z. B. Lage-Istwert) und der Führungsgrößen, die die Regeleinrichtung übernimmt, und

b) die Erzeugung der Bewegung, die der Vorschubantrieb durchführt.

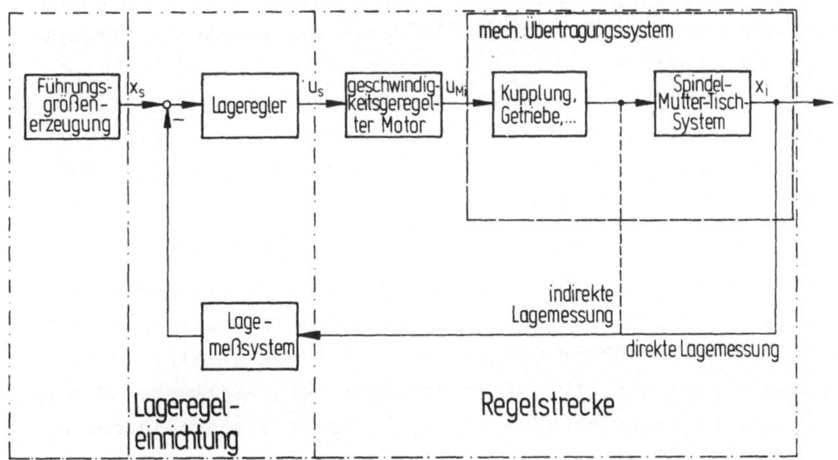

<u>Bild 2.1</u>: Allgemeiner Signalflußplan eines konventionellen Lageregelkreises.

u_s	Sollgeschwindigkeit	x_s	Lage-Sollwert
u_{Mi}	Istgeschwindigkeit des Motors (umgerechnet auf eine Vorschubbewegung)	x_i	Lage-Istwert

Die Regelstrecke eines Lageregelkreises besteht aus dem Vorschubantrieb, der sich wiederum aus dem (geregelten) Vorschubmotor und den mechanischen Übertragungsgliedern zusammensetzt. Als Vorschubmotoren werden z. Zt.
- vorzugsweise Gleichstromnebenschlußmaschinen (mit Transistor- oder Thyristorverstärkern)
- und elektrohydraulische Motoren

eingesetzt. In Zukunft wird darüberhinaus auch die drehzahlverstellbare Asynchronmaschine zur Anwendung gelangen /10/.

Die Regeleinrichtung umfaßt den eigentlichen Regler, das Lagemeßsystem und falls erforderlich Signalumsetzer wie Digital/Analog- oder Analog/Digital-Wandler. Lageregeleinrichtungen an NC-Maschinen werden heute meist in Digitaltechnik aufgebaut und sind Bestandteil der numerischen Steuerung.

Digitale Regler können sowohl mit verbindungs- als auch mit speicherprogrammierten Bausteinen realisiert werden. Jedoch ist die Anwendung festverdrahteter digitaler Schaltungen aus Aufwandsgründen auf einfache Aufgaben wie den Soll- Istwertvergleich beschränkt.
Diese Einschränkung entfällt beim Einsatz eines Digitalrechners. Trotzdem begnügt man sich bisher bei CNC-Steuerungen (<u>C</u>omputerized <u>N</u>umerical <u>C</u>ontrol) damit, den Lageregler mit P-Verhalten in den Steuerungsrechner einzubeziehen /7, 11/.

Den Signalflußplan eines derartigen digitalen Lageregelkreises zeigt <u>Bild 2.2</u>. Der Lage-Istwert wird z. B. über einen digitalen Linearmaßstab erfaßt und über eine Auswerteinrichtung vom Mikrorechner eingelesen. Dieser vergleicht den gemessenen Wert mit dem intern erzeugten Lage-Sollwert. Die gewichtete Lageabweichung $K_v(x_s-x_i)$ steuert als Stellgröße u_s den Antrieb über den D/A-Wandler an (<u>analoge Schnittstelle</u>).

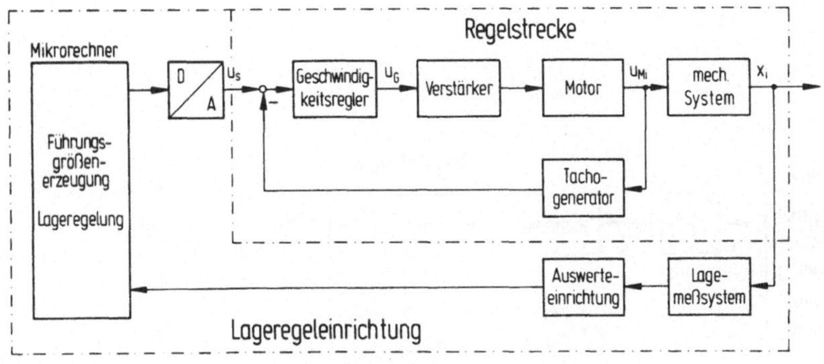

u_s Geschwindigkeitssollwert
u_G Eingangssignal für den Antriebsverstärker

Bild 2.2: Signalflußplan eines digitalen Lageregelkreises
mit unterlagerter analoger Geschwindigkeitsregelung.

2.2 Digitalisierung der Signalverarbeitung des Vorschubantriebs

Lageregelkreise an NC-Maschinen sind üblicherweise nach dem
Kaskadenprinzip aufgebaut. Das bedeutet, daß der eigentlichen
Lageregelung zumindest ein Hilfsregelkreis und zwar ein Geschwindigkeitsregelkreis (bzw. Drehzahlregelkreis) unterla-
gert ist. Diese Struktur beeinflußt nicht nur das Führungsverhalten des übergeordneten Regelkreises positiv, sondern
regelt auch Störungen wie am Antrieb angreifende Momente und
Kräfte rascher aus. Haupt- und Hilfsregler werden bei diesem
Aufbau getrennt ausgelegt.
Um die Anzahl der Bauelemente im Gesamtaufbau des Lageregelkreises zu verringern, erscheint es als folgerichtiger Schritt,
zusätzlich zur Lageregelung auch die unterlagerte Geschwindigkeitsregelung in den Rechner zu integrieren.
Das erforderliche Geschwindigkeitssignal kann dabei entweder,
wie bei der analogen Regelung, über einen Tachogenerator gemessen oder aber aus dem Wegsignal abgeleitet werden (<u>Bild
2.3</u>).

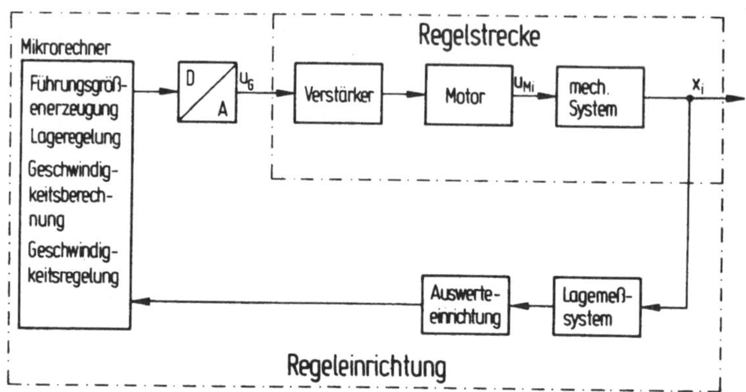

Bild 2.3: Signalflußplan des digitalen Lageregelkreises mit unterlagertem digitalem Geschwindigkeitsregelkreis.

Die zweite Lösung ist besonders einfach, wenn ein digitales Lagemeßsystem, z. B. ein Impulsgeber, verwendet wird. Aus der Anzahl der Impulse pro Zeiteinheit bestimmt der Rechner den aktuellen Wert der Vorschubgeschwindigkeit.
Grundsätzlich kann die Digitalisierung des Lageregelkreises bis hin zum Leistungsteil des Antriebsverstärkers durchgeführt werden. So werden Stellglieder, wie Thyristor- und Transistorverstärker für elektrische Vorschubantriebe oder Magnetventile für hydraulische Antriebe im Schaltbetrieb angesteuert. Die dazu erforderlichen Signale könnte ebenfalls der Mikrorechner vorgeben. Wie an verschiedenen Stellen nachgewiesen wurde /12, 13, 14/, sind solche Lösungen grundsätzlich durchführbar. Ihre Anwendung an NC-Maschinen ist aber durch die Anforderungen an den Geschwindigkeitsstellbereich ($>$1 : 2000) bisher unmöglich.
Dies macht folgende Überlegung hinsichtlich des pulsbreitenmodulierten Transistorverstärkers deutlich. Bei Taktfrequenzen $>$1 kHz beträgt die Dauer des kleinsten Ansteuerimpulses für die Transistorbrücke $T_B \leqq 0{,}5$ µs. Derartige Ansteuersignale

21

kann jedoch z. Zt. ein Mikrorechner nicht erzeugen.
Die genannten Schwierigkeiten lassen sich umgehen, wenn ein
digitaler Impulsbreitenmodulator das Ausgangssignal des Rechners in entsprechende Impulse umsetzt (digitale Schnittstelle).
Ein derartiger digitaler Impulsbreitenmodulator, der im Prinzip aus einem Zähler und einer Auswertelogik besteht, wurde
aufgebaut und an einem Vorschubantrieb erprobt /15/. Er ermöglicht bei Taktfrequenzen von 4 kHz einen Geschwindigkeitsstellbereich >1 : 8000 und ersetzt mit geringerem geräte-
technischem Aufwand den D/A-Wandler sowie die analoge Impuls-
breitensteuerung des Transistorverstärkers.
Den vereinfachten Signalflußplan des weitgehend digitalisier-
ten Lageregelkreises zeigt Bild 2.4.

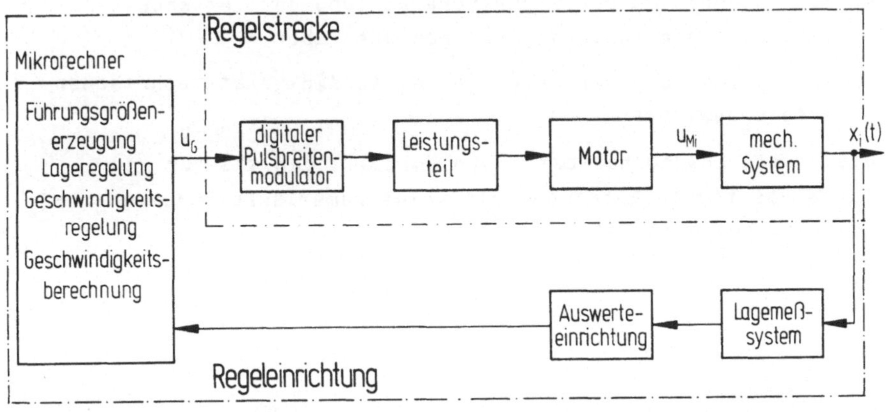

Bild 2.4: Signalflußplan des digitalen Lageregelkreises mit
          digitaler Ansteuerung des Transistorverstärkers.

Die Vorteile der Digitalisierung der Signalverarbeitung im
Antrieb sind zusammengefaßt:

- die Einsparung von Bauelementen (Geschwindigkeitsregler,
  Tachogenerator, Signalwandler, usw.);

- die Reduzierung von potentiellen Fehlerquellen (z. B. Aus-
  fall des Tachogenerators);

- die Verringerung des Massenträgheitsmoments und der Bau-
  länge des Antriebsmotors bei Verzicht auf den Tachogenerator;

- die Möglichkeit der Inbetriebnahme des Geschwindigkeitsregelkreises (z. B. Einstellung der Reglerparameter) durch
  den Rechner.

Jedoch muß berücksichtigt werden, daß sich das begrenzte Auflösungsvermögen des Lagemeßsystems besonders bei kleinen Geschwindigkeiten nachteilig auf die Geschwindigkeitserfassung
und damit auf das Verhalten des Geschwindigkeitsregelkreises
auswirkt (s. Abschnitt 4.2.2).
Offen bleibt im Rahmen dieser Arbeit die Frage der Schnittstelle zwischen numerischer Steuerung und Antriebssystem.
Grundsätzlich sind als Lösungen vorstellbar

a) die Integration der Signalverarbeitung des Vorschubantriebs in den Steuerungsrechner oder aber

b) die Verlagerung der Lageregelung in den gerätetechnischen
   Aufbau des Vorschubantriebs.

Die zweite Lösung hat dabei den Vorteil, daß sie für einfache Positionieraufgaben, die keine numerische Steuerung er-
fordern, geeignet ist.

3 Das Zeitverhalten der Regelstrecken von Lageregelkreisen an NC-Maschinen

Stehen die gerätetechnischen Randbedingungen (Regeleinrichtung, Vorschubantrieb usw.) fest, dann stellt sich als weitere Aufgabe beim Aufbau des Regelkreises die der Analyse der Regelstrecke. Das Ergebnis der Analyse, ein Modell, das das Verhalten des realen Systems zumindest annähernd wiedergibt, ist eine Voraussetzung für den systematischen Entwurf des Regelgesetzes. Unumgänglich ist die Modellbildung besonders für die Anwendung fortgeschrittener Regelstrategien, wie z. B. den in dieser Arbeit untersuchten Zustandsreglern.
Ein gemeinsames Merkmal der Regelstrecken von Lageregelkreisen an NC-Maschinen ist, resultierend aus dem Zusammenhang von Vorschubgeschwindigkeit und Weg, deren I-Verhalten. Daneben bestimmt im wesentlichen die Dynamik des Vorschubantriebs den Modellaufbau der Regelstrecke.
Die nachstehend aufgeführten Modelle setzen

- eine Gleichstromnebenschlußmaschine als Vorschubmotor und

- die Vernachlässigung von Nichtlinearitäten wie Unempfindlichkeitsbereich, Umkehrspanne, Begrenzung usw. /3/

voraus und sind als Zustandsgleichungen formuliert. Außerdem wird berücksichtigt, ob die digitale Regelung in die Antriebsstruktur (analoger Geschwindigkeits- bzw. Drehzahlregelkreis) eingreift oder diese beibehält, d. h. ob als Regelstrecke
    a) der ungeregelte oder
    b) der geregelte
Vorschubantrieb angesehen werden muß.

a) ungeregelter Vorschubantrieb

Vernachlässigt man das Zeitverhalten der mechanischen Übertragungsglieder, so folgen aus dem Blockschaltbild der Gleichstromnebenschlußmaschine (+ Integralglied) (Bild 3.1)

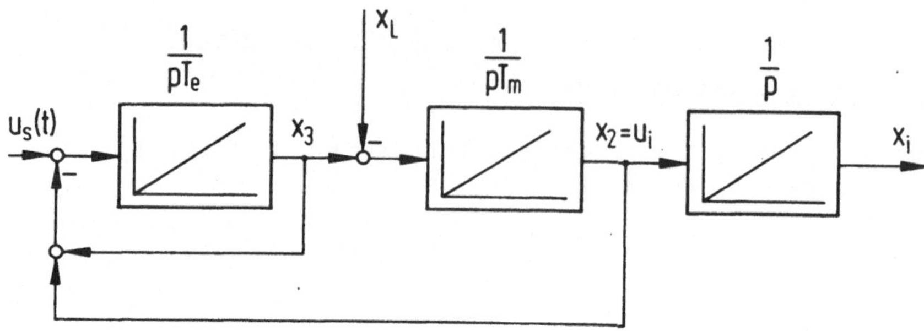

Bild 3.1: Blockschaltbild der Regelstrecke mit ungeregeltem Vorschubantrieb.

die bezogenen Zustandsgleichungen der Regelstrecke:

$$\frac{d\underline{x}}{d\tau} = \begin{bmatrix} 0 & 1 & 0 \\ 0 & 0 & 1 \\ 0 & -\lambda & -\lambda \end{bmatrix} \underline{x}(\tau) + \begin{bmatrix} 0 \\ 0 \\ \lambda \end{bmatrix} u_s(\tau) + \begin{bmatrix} 0 \\ -1 \\ 0 \end{bmatrix} x_L(\tau) \tag{3.1a}$$

(Zustandsdifferentialgleichung) ,

$$x_i(\tau) = \begin{bmatrix} T_m & 0 & 0 \end{bmatrix} \underline{x}(\tau) \tag{3.1b}$$

(Ausgangsgleichung).

Dabei bedeutet im einzelnen

$$x_1 = x_i/T_m \quad , \qquad x_2 = u_{Mi} \, ,$$
$$x_3 \sim M_M \sim I_M \, , \qquad x_L \sim M_L \quad ,$$
$$\lambda = T_m/T_e \quad , \qquad \tau = t/T_m$$

mit

T_e elektrische Zeitkonstante ,

T_m mechanische Zeitkonstante ,

M_M Motormoment ,

M_L Lastmoment ,

I_M Motorstrom ,

$\underline{x}$ Zustandsvektor .

b) geregelter Vorschubantrieb

Unter den Annahmen /3/:

- der Antrieb ohne die elastisch gekoppelten mechanischen Übertragungsglieder hat das Zeitverhalten eines Verzögerungsgliedes 2. Ordnung mit den Parametern ω_{0A} und D_A;

- das elastische mechanische System verhält sich wie ein Feder-Masse-System mit den Parametern ω_{0mech} und D_{mech};

entspricht das Blockschaltbild in __Bild 3.2__ dem Modell der Regelstrecke.

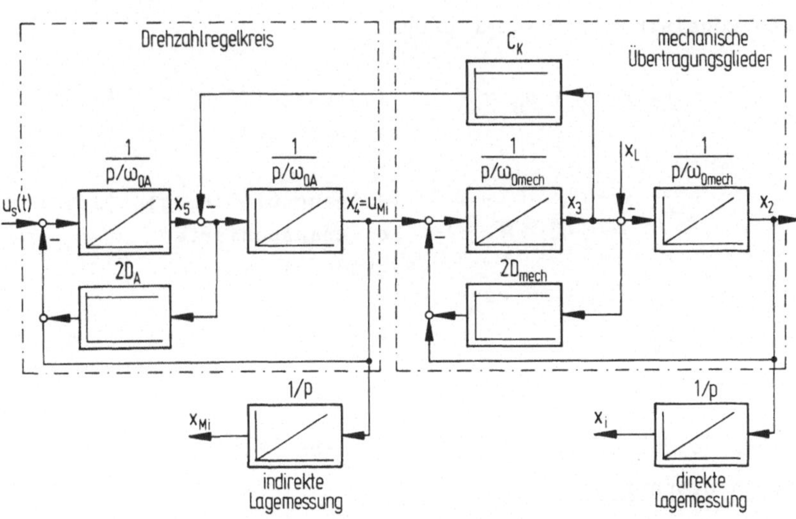

__Bild 3.2:__ Blockschaltbild des geregelten Antriebs mit elastisch gekoppelten mechanischen Übertragungsgliedern.

Für eine weitere Vereinfachung des Modells ist die konstruktive Ausführung der Vorschubeinheit ausschlaggebend. Die wesentlichen Einflußgrößen sind /3, 4/

- das Verhältnis von Fremd- zu Eigenträgheitsmoment des Motors (beeinflußt den Grad der Rückwirkung des mechanischen Systems auf den Drehzahlregelkreis C_K);

- das Verhältnis der Kennkreisfrequenzen des Geschwindigkeits-
  bzw. Drehzahlregelkreises und der mechanischen Übertragungsglieder;

- der Dämpfungsgrad der mechanischen Übertragungsglieder.

Abhängig davon folgen aus dem Modell (Bild 3.2) die Grundformen des Übertragungsverhaltens der Regelstrecken, wie sie
aus zahlreichen Messungen an NC-Maschinen bekannt sind /3/.

Die Zustandsdifferentialgleichungen dieser Grundformen sind
unter Vernachlässigung von Störgrößen in <u>Tabelle 3.1</u> zusammengestellt.

Die allgemeine Zustandsbeschreibung der in Tabelle 3.1 angegebenen Regelstrecken lautet dann:

$$\frac{d\underline{x}}{d\tau} = \underline{A}_0 \, \underline{x}(\tau) + \underline{b}_0 \, u_s(\tau),$$ (Zustandsdifferen- (3.6a)
tialgleichung)

$$x_i(\tau) = \underline{c}' \, \underline{x}(\tau) ,$$ (Ausgangsgleichung) (3.6b)
(c' transponierter
Vektor c)

$$x(\tau=0) = \underline{x}_0 .$$ (Anfangsbedingungen) (3.6c)

<u>Übergang von der zeitkontinuierlichen zur zeit-
diskreten Beschreibung</u>

Betrachtet man das System (Gl. 3.6) zu festen Zeitpunkten
kT ergeben sich die zeitdiskreten Zustandsgleichungen zu:

$$\underline{x}(k+1) = \underline{A} \, \underline{x}(k) + \underline{b} \, u_s(k),$$ (Zustandsdifferen- (3.7a)
zengleichung)

$$x_i(k) = \underline{c}' \, \underline{x}(k) ,$$ (3.7b)

$$\underline{x}(0) = \underline{x}_0 .$$ (3.7c)

		Bemerkungen	Zustandsdifferentialgleichung	Gl.
I	$C_K \gtreqless 0$	$\tau = t\omega_{0A}$ $\eta = \omega_{0mech}/\omega_{0A}$	$\dfrac{d\underline{x}}{d\tau} = \begin{bmatrix} 0 & 1 & 0 & 0 & 0 \\ 0 & 0 & \eta & 0 & 0 \\ 0 & -\eta & -2D_{mech}\eta & \eta & 0 \\ 0 & 0 & -C_K & 0 & 1 \\ 0 & 0 & 2D_A C_K & -1 & -2D_A \end{bmatrix} \underline{x}(\tau) + \begin{bmatrix} 0 \\ 0 \\ 0 \\ 0 \\ 1 \end{bmatrix} u_s(\tau)$	3.2
II	$\omega_{0mech} \gtreqless 2\omega_{0A}$ $C_K \approx 0$	Zeitverhalten der mech.Übertragungsglieder durch ein Totzeitglied angenähert $\tau = t\omega_{0A}$	$\dfrac{d\underline{x}}{d\tau} = \begin{bmatrix} 0 & 1 & 0 \\ 0 & 0 & 1 \\ 0 & -1 & -2D_A \end{bmatrix} \underline{x}(\tau) + \begin{bmatrix} 0 \\ 0 \\ 1 \end{bmatrix} u_s(\tau - T_t\omega_{0A})$	3.3
III	$\omega_{0A} \ll \omega_{0mech}$ $C_K \approx 0$	Zeitverhalten der mech.Übertragungsglieder vernachlässigbar $\tau = t\omega_{0A}$	$\dfrac{d\underline{x}}{d\tau} = \begin{bmatrix} 0 & 1 & 0 \\ 0 & 0 & 1 \\ 0 & -1 & -2D_A \end{bmatrix} \underline{x}(\tau) + \begin{bmatrix} 0 \\ 0 \\ 1 \end{bmatrix} u_s(\tau)$	3.4
IV	$\omega_{0A} \gg \omega_{0mech}$ $C_K \approx 0$	Zeitverhalten des Drehzahlregelkreises vernachlässigbar $\tau = t\omega_{0mech}$	$\dfrac{d\underline{x}}{d\tau} = \begin{bmatrix} 0 & 1 & 0 \\ 0 & 0 & 1 \\ 0 & -1 & -2D_{mech} \end{bmatrix} \underline{x}(\tau) + \begin{bmatrix} 0 \\ 0 \\ 1 \end{bmatrix} u_s(\tau)$	3.5

Tabelle 3.1: Strukturen der Regelstrecken von Lageregelkreisen an NC-Maschinen (Zustandsraumdarstellung, direkte Lagemessung).

mit

$$\underline{A} = e^{\underline{A}_0 T} = \sum_{i=0}^{\infty} \frac{(\underline{A}_0 T)^i}{i!} \qquad (3.8a)$$

und

$$\underline{b} = \int_{v=0}^{T} e^{\underline{A}_0 v} \, \underline{b}_0 \, dv = \sum_{i=0}^{\infty} \frac{(\underline{A}_0 T)^i T}{(i+1)!} \, \underline{b}_0 \, . \qquad (3.8b)$$

Um eine kürzere und übersichtliche Darstellung zu ermöglichen, wird in den obigen, sowie auch den folgenden Differenzengleichungen anstelle des Produkts kT, abkürzend, nur der Abtastschritt k eingesetzt.

Der zeitdiskrete Modellansatz berücksichtigt unmittelbar die zeitdiskrete Arbeitsweise digitaler Regelungen.

Weitere Vorteile sind:

- die Möglichkeit Totzeitglieder (Fall II, Tabelle 3.1) in Form von Verzögerungsketten in die Zustandsdifferenzengleichung einzubeziehen und

- die direkte Weiterverarbeitung des Modells zum Entwurf eines zeitdiskret arbeitenden, z. B. digitalen, Reglers.

4 Zeitdiskrete Regelungen

4.1 Allgemeine Gesichtspunkte

Ein digitaler Regler verarbeitet im Gegensatz zum analogen
Regler zeitdiskrete Signale. Daher spricht man in diesem Fall
auch von einem zeitdiskreten oder Abtastregler.
Die Regelung mit einem Digitalrechner bedeutet also, daß die
für den Regelvorgang erforderlichen Größen zu bestimmten Zeitpunkten, z. B. kT, erfaßt bzw. abgetastet werden (Abtastvor-
gang). Die Eingangsdaten (z. B. Meßgrößen) verarbeitet der
Rechner nach dem programmierten Regelgesetz zur Ausgangsgröße
des digitalen Reglers $u_s(kT+T_R)$, woraus das Halteglied (ge-
rätetechnisch z. B. Bestandteil des D/A-Wandlers) das zeitkontinuierliche Ansteuersignal der Regelstrecke bildet (Bild
4.1).

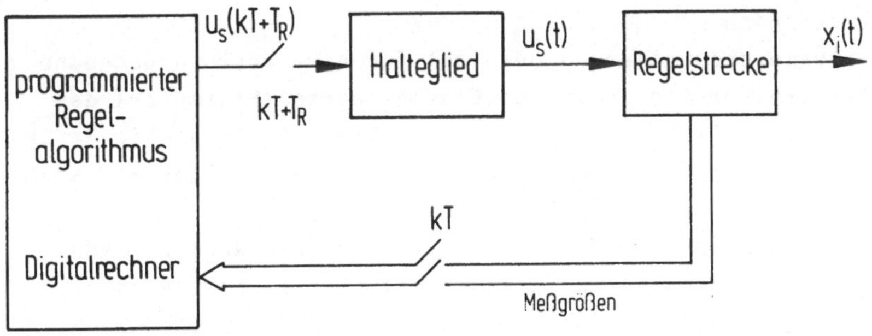

Bild 4.1: Abtastregelkreis.
(Doppelpfeile dienen zur Kennzeichnung vektorieller
Größen)

Die Abtastung von Ein- und Ausgangssignalen erfolgt streng-
genommen nicht gleichzeitig, sondern um ein bestimmtes Zeit-
intervall versetzt, das hauptsächlich durch die Reaktionszeit
des Regelalgorithmus T_R festgelegt wird (asynchrone Abtastung).
Die Reaktionszeit benötigt der Rechner, um nach einem Abtast-
vorgang die Stellgröße u_s zu berechnen und an die Regelstrecke

auszugeben. Die Rechenzeit T_{Rech} dagegen ist die für die Abarbeitung des gesamten Regelalgorithmus erforderliche Zeit.

Im weiteren wird unterstellt, daß die Reaktionszeit im Vergleich zur Abtastzeit zu vernachlässigen ist ($T_R \ll T$, synchrone Abtastung). Die Programmierung des Regelgesetzes verlangt, daß der Algorithmus in Form einer Differenzengleichung vorliegt. Diese kann durch

- die Annäherung einer kontinuierlichen Reglergleichung durch eine Differenzengleichung (nur für kleine Abtastzeiten zulässig) oder

- den unmittelbaren Entwurf eines zeitdiskreten Reglers

ermittelt werden.
Beim Entwurf eines optimalen Reglers wird zwischen den Verfahren /16/
    a) der Parameteroptimierung und
    b) der Strukturoptimierung
unterschieden.
Die Parameteroptimierung bestimmt für eine fest vorgegebene Reglerstruktur die optimalen Einstellwerte (Parameter) des Reglers bezüglich eines bestimmten Gütekriteriums. Die Strukturoptimierung hingegen liefert sowohl die Struktur als auch die Parameter des optimalen Reglers.
Als parameteroptimierte, zeitkontinuierliche Regler werden in Lageregelungen vorzugsweise Regler mit P- bzw. PI-Verhalten verwendet.
Die Gründe dafür sind vor allem:

- der einfache gerätetechnische Aufbau mit verbindungsprogrammierten Reglerbausteinen;

- es sind relativ wenig Kenntnisse über die Regelstrecke erforderlich;

- im Gegensatz zu Reglern höherer Ordnung sind nur wenige Reglerparameter einzustellen;

- es liegen inzwischen umfangreiche Erfahrungen und damit Einstellregeln für diese Regler vor;

- in vielen Fällen wird mit diesen Reglern ein
  ausreichendes Regelverhalten erzielt.

Beim Übergang zur Rechnerregelung wird der Regler daher aus
praktischen Gründen meist in Anlehnung an diese zeitkontinuierlich arbeitenden Regler hergeleitet.
Neben den üblichen P- und PI-Algorithmen besteht aber die
Möglichkeit, im Rechner relativ einfach höherwertige Regler-
strukturen zu programmieren. Dies ist dann von praktischer
Bedeutung, wenn mit den konventionellen Reglern kein befriedigendes Verhalten des gesamten Lageregelkreises gewährleistet ist. Derartige Anwendungsfälle treten auf bei Vorschubantrieben mit

- Totzeitverhalten (Gl. 3.3) oder

- elastischen mechanischen Übertragungsgliedern (Gl. 3.2).

Da besonders Zustandsregler für instabile, stark schwingungsfähige oder totzeitbehaftete Regelstrecken geeignet sind /16/,
wird neben den zeitdiskreten P- und PI-Reglern dieses strukturoptimale Regelverfahren im Hinblick auf eine Anwendung
an NC-Maschinen untersucht.

4.2 Parameteroptimierte zeitdiskrete Regler für Lage- und Geschwindigkeitsregelungen

4.2.1 Zeitdiskreter P-Lageregler

Das Blockschaltbild eines Abtastlageregelkreises mit einem
Vorschubantrieb als Verzögerungsglied 2. Ordnung (Gl. 3.4)
veranschaulicht Bild 4.2.
Der Lageregler ist als zeitdiskreter P-Regler mit der Gleichung

$$u_s(k) = K_v \left[x_s(k) - x_i(k) \right] \tag{4.2}$$

(K_v Reglerverstärkung, Geschwindigkeitsverstärkung),

z. B. in einem Steuerungsrechner (s. Abschnitt 2.1 Stand der
Technik), ausgeführt.

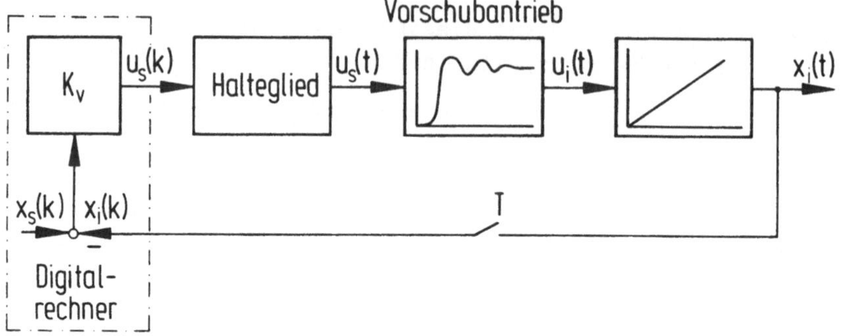

Bild 4.2: Blockschaltbild des Abtastlageregelkreises.

In die Parameter des zeitdiskreten Modells der Regelstrecke geht neben der Kennkreisfrequenz ω_{0A} und dem Dämpfungsgrad D_A des Antriebs die Größe der Abtastzeit T ein.

Die Ermittlung des optimalen Einstellwertes der Geschwindigkeitsverstärkung K_v muß also neben dem Zeitverhalten des Vorschubantriebs auch den Wert der Abtastzeit berücksichtigen. Die Optimierung wird hier in Anlehnung an /4/ mit Hilfe des diskreten Gütekriteriums

$$I_{SV} = T \cdot \sum_{k=0}^{\infty} \left[x_{sv}(k) - x_i(k) \right]^2 \qquad (4.3)$$

(I_{SV} Summenkriterium der quadratischen Vergleichsregelfläche)

für Abtastzeiten $T \lessgtr 2/\omega_{0A}$ durchgeführt. Die Vergleichsfunktion x_{sv} entspricht in der Form dem eigentlichen Eingangssignal des Lageregelkreises x_s, ist gegenüber diesem jedoch um eine konstante Laufzeit verschoben /2/.

Die für den angegebenen Abtastregelkreis berechneten Werte des Gütekriteriums sind in <u>Bild 4.3</u> über der Geschwindigkeitsverstärkung aufgetragen.

<u>Ergebnis</u>

- Um minimale Werte des Gütekriteriums zu erhalten, muß die Geschwindigkeitsverstärkung bei Erhöhung der Abtastzeit verringert werden.

- Während sich die optimale Regelgüte im Bereich $0{,}1 \lessgtr T \omega_{0A} \lessgtr 1$ kaum ändert, verschlechtert sich für

$T \gg 1/\omega_{0A}$ das Verhalten des Lageregelkreises beträchtlich.

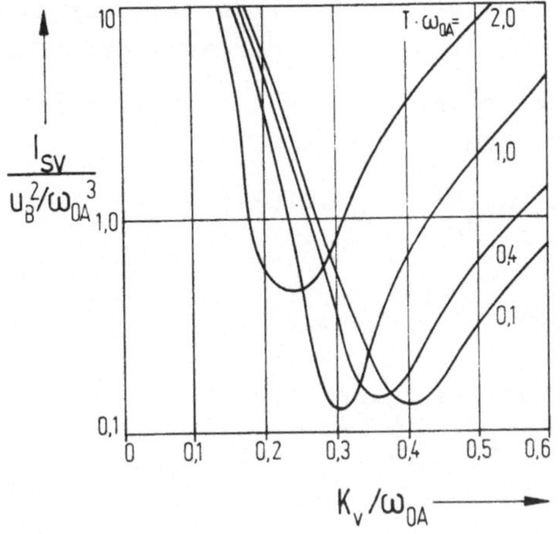

Bild 4.3:
Bezogenes quadra-
tisches Summenkri-
terium als Funktion
der bezogenen Ge-
schwindigkeitsver-
stärkung K_v/ω_{0A}
und der normierten
Abtastzeit als Para-
meter.
Antrieb als Verzöge-
rungsglied 2. Ord-
nung $D_A = 0,5$.
u_B Bahngeschwindig-
keit.

4.2.2 Zeitdiskreter PI-Geschwindigkeitsregler

Behält man beim Übergang zur Rechnerregelung die Kaskadenstruktur des Lageregelkreises bei, und bezieht man die Geschwindigkeitsregelung in das Regelprogramm mit ein (Bild 4.4),
können die Koeffizienten des Algorithmus in Anlehnung an den
zeitkontinuierlichen PI-Regler programmiert werden /17/.

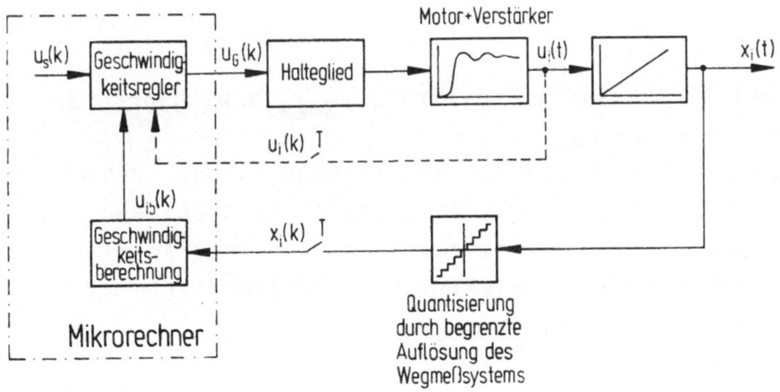

Bild 4.4: Zeitdiskreter Geschwindigkeitsregelkreis.

Diese Vorgehensweise ist jedoch nicht zwingend. Zudem entfällt bei großen Abtastzeiten ihr wesentlicher Vorteil der direkten Übernahme bekannter Einstellregeln aus der Analogtechnik.

Abweichend davon wird daher unmittelbar ein zeitdiskreter PI-ähnlicher Regler der Form

$$u_G(k) = u_G(k-1) + c_1 \, \Delta u(k) + c_0 \, \Delta u(k-1) \qquad (4.4a)$$

mit

$$\Delta u(k) = u_s(k) - u_i(k) \qquad (4.4b)$$

angesetzt. Die Minimierung des quadratischen Gütekriteriums

$$I_{ISE} = \int_0^{\infty} \Delta u(t)^2 \, dt \qquad (4.5)$$

für sprungförmige Eingangssignale $u_s(k)$ legt hinsichtlich des Führungsverhaltens die Einstellwerte c_0 und c_1 fest. Die Berechnung des Gütekriteriums geht von dem Modell der ungeregelten Gleichstromnebenschlußmaschine (Gl. 3.1), sowie der Messung der Geschwindigkeit (z. B. über die Motordrehzahl) aus. Die Randbedingungen

$$c_1 \lesseqgtr \frac{u_{Gmax}}{\Delta u_{smax}} \qquad (u_{Gmax} \quad \text{maximale Stellgröße}) \qquad (4.6a)$$
$$(\Delta u_{smax} \quad \text{maximale Änderung des} \qquad (4.6b)$$
$$\text{Sollwertsignals})$$

und

$$ü \lesseqgtr 0{,}2$$

beachten dabei die maximale Stellgröße u_{Gmax} bzw. begrenzen die bezogene Überschwingweite ü.

<u>Bild 4.5</u> gibt die Ergebnisse der Optimierung wieder. Danach verringert sich mit zunehmender Abtastzeit die Größe der einstellbaren Reglerparameter, was verstärkt für Motoren mit nicht zu vernachlässigender elektrischer Zeitkonstante $(T_e \longrightarrow T_m)$ zutrifft.

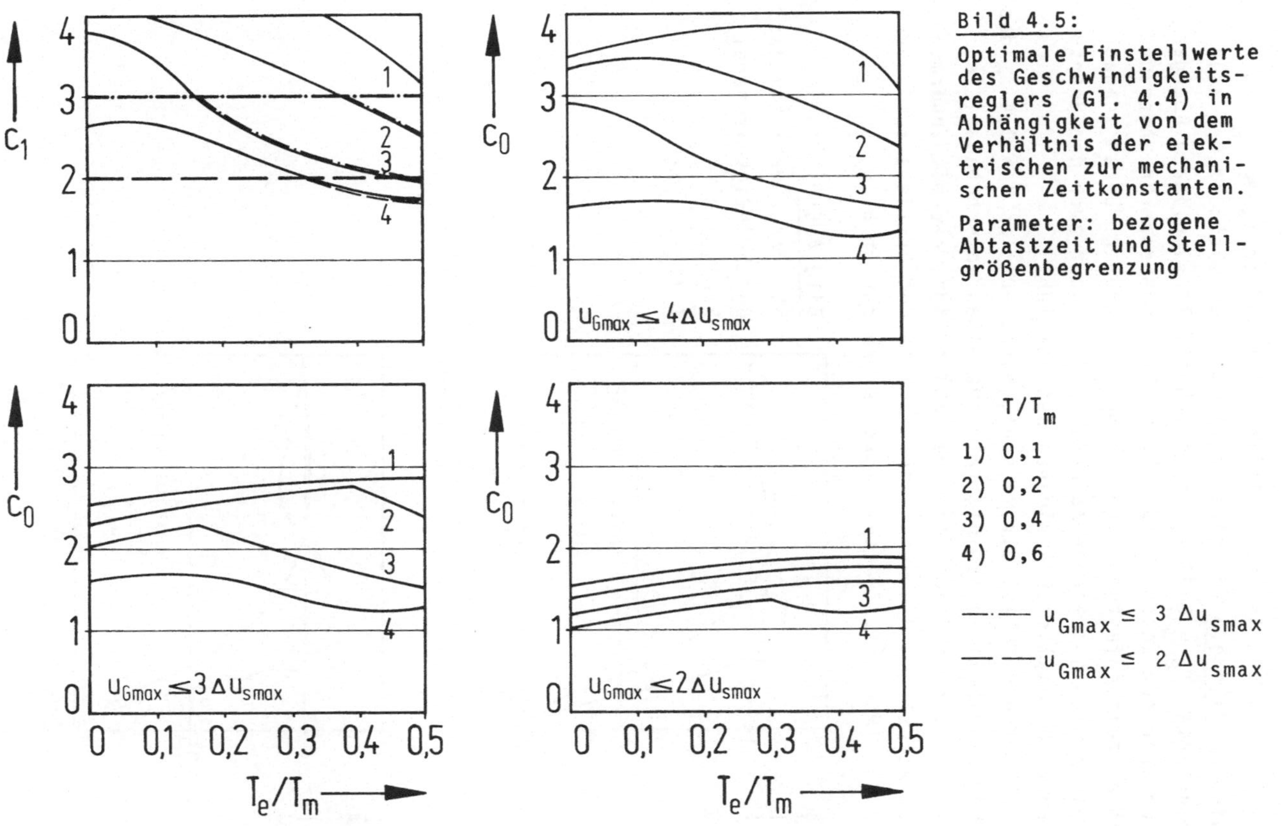

Bild 4.5:

Optimale Einstellwerte des Geschwindigkeitsreglers (Gl. 4.4) in Abhängigkeit von dem Verhältnis der elektrischen zur mechanischen Zeitkonstanten.

Parameter: bezogene Abtastzeit und Stellgrößenbegrenzung

T/T_m

1) 0,1
2) 0,2
3) 0,4
4) 0,6

$-\cdot-\quad u_{Gmax} \leq 3\,\Delta u_{smax}$

$-\,-\quad u_{Gmax} \leq 2\,\Delta u_{smax}$

In den meisten Anwendungsfällen gilt jedoch $T_e \ll T_m$. So
sind in <u>Bild 4.6</u> für einen Motor mit der elektrischen Zeitkonstante $T_e = 0,07\ T_m$ (s. Abschnitt 7) simulierte Übergangs-
vorgänge für unterschiedliche Stellgrößenbeschränkungen und
Abtastzeiten festgehalten. Große Stellgrößen führen demnach
zwar zu kleinen Anregelzeiten, erhöhen aber auch die Beanspruchung (Maximalbeschleunigung) des Antriebs.
Der Wert der Abtastzeit verschlechtert erst ab $T \gtrless 0,4\ T_m$ das
Führungsverhalten des digital geregelten Vorschubantriebs.
Dabei ist allerdings nicht berücksichtigt, daß mit zunehmen-
der Abtastzeit die Reaktionsfähigkeit des Antriebs auf Störgrößen (Momente, Kräfte) sinkt (s. Abschnitt 6).

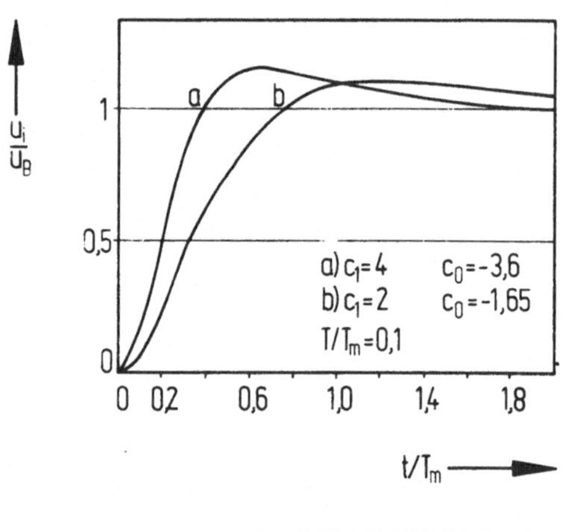

Bild 4.6:
Übergangsverhalten des
Geschwindigkeitsregel-
kreises.
$T_e/T_m = 0,07$

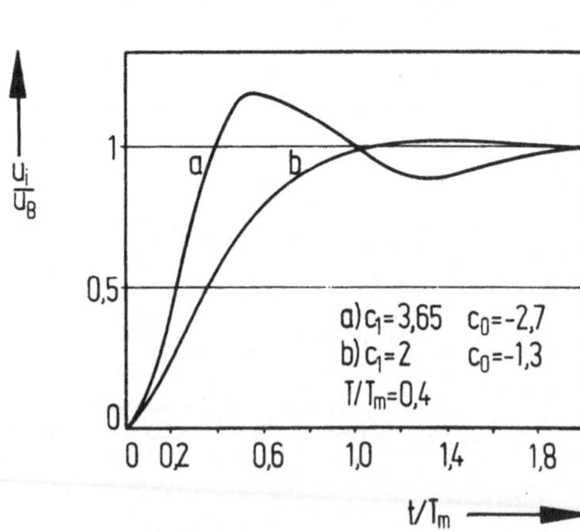

Ableitung der Geschwindigkeit aus dem Signal

des Lagemeßsystems

Unter der Bedingung, daß sich weder Nichtlinearitäten noch
verzögerungsbehaftete Übertragungselemente zwischen der Motorwelle und dem Lagemeßsystem befinden, gilt für den Zusammenhang zwischen der Lage der Vorschubeinheit x_i und der
Geschwindigkeit der Motorwelle (umgerechnet auf eine Vorschubgeschwindigkeit) u_{Mi}:

$$\frac{dx_i}{dt} = u_i = u_{Mi} \qquad (4.7)$$

Zur Ableitung des Geschwindigkeitswertes aus dem gemessenen
Lage-Istwert kann dieser Differentialquotient im Rechner durch
den Differenzenquotient

$$u_i(k) \approx u_{ib}(k) = \frac{x_i(k) - x_i(k-1)}{T} \qquad (4.8)$$

$\qquad (u_{ib}$ berechnete Geschwindigkeit)

angenähert werden.

Diese Beziehung gibt jedoch nur die Größe der mittleren Geschwindigkeit während eines Abtastintervalls wieder. Die
zeitdiskrete Differentiation führt daher verstärkt mit zuneh-
mender Abtastzeit zu einer Entdämpfung des Geschwindigkeitsregelkreises (Bild 4.7).

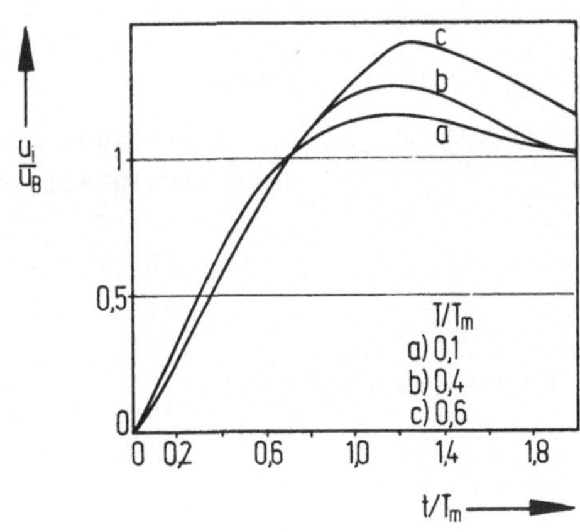

Bild 4.7:
Übergangsverhalten des
Geschwindigkeitsregel-
kreises bei diskreter
Differentiation des
Lagesignals.

Eine weitere Fehlerquelle für die Geschwindigkeitsberechnung stellt das endliche Auflösungsvermögen δx des Lagemeßsystems dar.

Zum einen ist die erfaßbare Geschwindigkeitsänderung δu durch $\delta u = \delta x/T$ begrenzt, zum anderen werden Quantisierungsfehler bei der Lagemessung durch die Differentiation (Gl. 4.8) verstärkt (Beispiele in <u>Bild 4.8</u>).

Während sich diese Effekte bei relativ großen Verfahrgeschwindigkeiten (<u>Bild 4.8a</u>) kaum auf das Übergangsverhalten des Geschwindigkeitsregelkreises auswirken, können dadurch bei niedrigen Geschwindigkeiten nichtlineare Dauerschwingungen der Antriebseinheit verursacht werden (<u>Bild 4.8c</u>).

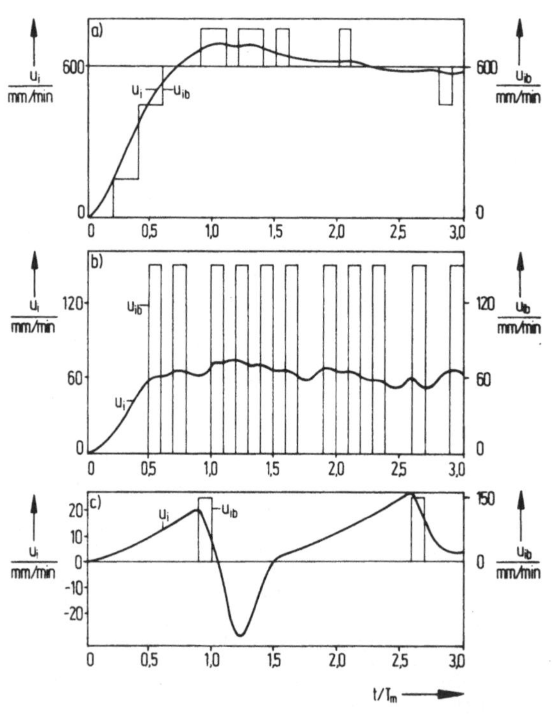

Bild 4.8:
Sprungantworten des digitalen Geschwindigkeitsregelkreises

T/T_m = 0,1

$\delta x/T$ = 150 mm/min

a) u_s = 600 mm/min

b) u_s = 60 mm/min

c) u_s = 10 mm/min

u_{ib}...berechnete Geschwindigkeit, wird von der Regelung verarbeitet

u_i....tatsächliche Geschwindigkeit

Bei hohen Anforderungen sollte daher für das Auflösungsvermögen des Lagemeßsystems

$$\delta x \lessgtr T\, u_{min} \qquad (u_{min} \quad \text{kleinste Verfahr-} \qquad (4.8)$$
$$\text{geschwindigkeit})$$

verlangt werden.

Um die Einflüsse von Nichtlinearitäten und Verzögerungsgliedern nach der Motorwelle auf das Verhalten des Geschwindigkeitsregelkreises auszuschließen, ist es bei dieser Lösung
empfehlenswert, die Lage nur indirekt über die Position der
Motorwelle zu messen.

4.3 Zeitdiskrete Zustandsregler für Lageregelungen

4.3.1 Beschreibung des Regelverfahrens

Das Regelgesetz des diskreten Zustandsreglers wird durch die
gewichtete Rückkopplung aller Zustandsgrößen x_j ($j = 1...n$)
der Regelstrecke zu den Abtastzeitpunkten kT festgelegt.
Zusätzlich wirkt die Führungsgröße x_s über ein Steuerglied
auf den Regelkreis ein (Bild 4.10). Dadurch besteht neben
der Regelung eine weitere Möglichkeit, das Zeitverhalten des
Gesamtsystems zwischen Führungs- und Ausgangsgröße zu beeinflussen. Im weiteren wird ein proportionales Steuerglied
mit dem Verstärkungsfaktor $K_1^x = K_1\, \omega_{0A}$ angenommen. Das Eingangssignal der Regelstrecke berechnet sich damit nach der
Beziehung:

$$u_s(k) = -[K_1,\ K_2,\ \dots,K_n] \begin{bmatrix} x_1(k) \\ x_2(k) \\ \vdots \\ x_n(k) \end{bmatrix} + K_1^x\, x_s(k)$$

$$= -\underline{K}'\, \underline{x}(k) + K_1^x\, x_s(k) \qquad (4.9)$$

Die Geschwindigkeitsverstärkung wird bei diesem Regleraufbau
entsprechend der Definition bei P-Lageregelungen

$$K_v = u_s/\Delta x = u_i/\Delta x \qquad (\text{für } t \longrightarrow \infty) \qquad (4.10)$$

mit $\Delta x = x_s - x_i$ bestimmt.

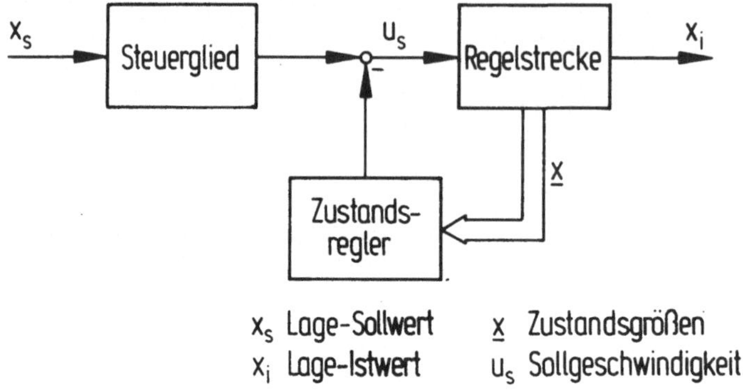

x_s Lage-Sollwert $\underline{x}$ Zustandsgrößen
x_i Lage-Istwert u_s Sollgeschwindigkeit

<u>Bild 4.10:</u> Zustandsregelung.

Sind innere Zustandsgrößen nicht unmittelbar meßbar, können
sie durch einen Beobachter gewonnen werden (s. Abschnitt 5).
Die Aufgabe eines Zustandsbeobachters besteht darin, aus
gemessenen Ausgangsgrößen sowie den Eingangssignalen eines
Übertragungssystems interne, nicht direkt meßbare Größen zu
berechnen /17/. Voraussetzung dafür ist, daß das System beo-
bachtbar ist. Diese Voraussetzung ist für Regelstrecken von
Lageregelkreisen i. a. erfüllt.
Das Regelgesetz wird dann durch Rückkopplung der Schätzwerte $\underline{\hat{x}}$

$$u_s(k) = -\underline{K}' \, \underline{\hat{x}}(k) + K_1^x \, x_s(k) \tag{4.11}$$

gebildet (<u>Bild 4.11</u>).

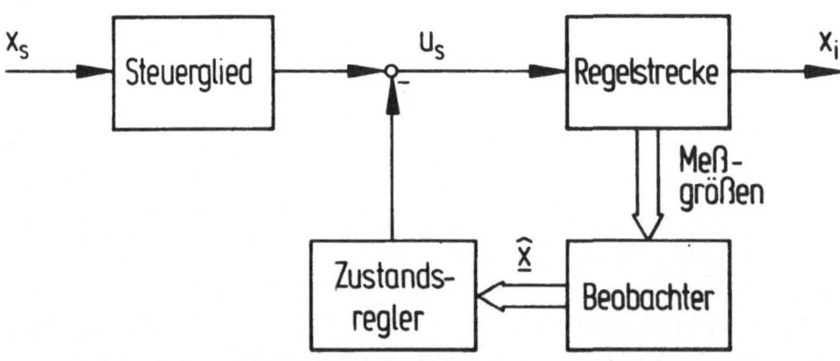

$\underline{\hat{x}}$ Schätzwerte der Zustandsgrößen

<u>Bild 4.11:</u> Zustandsregelung mit Beobachterrückführung.

Der Entwurf des Zustandsreglers läßt sich nach zwei Verfahren durchführen /16, 17/:

    a) Optimierung nach einem quadratischen Gütekriterium,
    b) Polfestlegung.

Voraussetzungen sind:

    - die Regelstrecke ist linear, zeitinvariant,
      beobachtbar und steuerbar;

    - ein mathematisches Modell der Regelstrecke
      in Zustandsraumdarstellung;

    - ein Gütekriterium bzw. die charakteristische
      Gleichung des geschlossenen Regelkreises.

4.3.2 Theoretische Untersuchungen von Zustandsregelungen

Für die in Tabelle 3.1 angegebenen Regelstrecken (Gl. 3.2... 3.4) werden im folgenden Zustandsregler entworfen.
Die Parameter der Regelstrecken, ihre Zustandsgrößen und die Reglergleichungen (einschließlich Steuerung) sind in Tabelle 4.1 zusammengefaßt.
Die Herleitung der Zustandsregler stützt sich auf ein quadratisches Kriterium , das den bezogenen Lage-Istwert $x_1 = x_i \omega_{0A}$ sowie die Sollgeschwindigkeit u_s berücksichtigt.

$$I_D = \sum_{k=0}^{\infty} \left[x_1(k)^2 + r\, u_s(k)^2 \right] \qquad (4.12)$$

$$(x_s = 0)$$

(Bewertung der Steuergrößen $r > 0$)

Dieses Kriterium ist besonders für die Bewertung von Haltevorgängen (z. B. Positionieren), bei denen der Lageregelkreis aus einem stationären Anfangszustand in den Endzustand geregelt werden soll, geeignet.

	Regelstrecke					
	Struktur	Parameter	Zustandsvektor	Zustandsregler + Steuerung	Gl.	Geschwindigkeits-verstärkung K_v
I	Antrieb mit elastisch gekoppelten mech.Obertragungsgliedern Gl. 3.2	$\eta=1 \; C_K=0$ $D_A=0,5$ $D_{mech}=0,1$	$x_i(k)\omega_{0A} = x_1$ $u_i(k) = x_2$ $a_i(k)/\omega_{0A} = x_3$ $u_{Mi}(k) = x_4$ $a_{Mi}(k)/\omega_{0A} = x_5$	$u_s(k)=K_1\omega_{0A}x_s(k)$ $\qquad -[K_1 K_2 K_3 K_4 K_5]\,\underline{x}(k)$	4.13	$\dfrac{K_1\omega_{0A}}{1+K_2+K_4}$
II	Antriebs-system mit Totzeit Gl. 3.3	$T_t/T=1$ $D_A=0,5$	$x_i(k)\omega_{0A} = x_1$ $u_{Mi}(k) = x_2$ $a_{Mi}(k)/\omega_{0A} = x_3$ $u_s(k-1) = x_4$	$u_s(k)=K_1\omega_{0A}x_s(k)$ $\qquad -[K_1 K_2 K_3 K_4]\,\underline{x}(k)$	4.14	$\dfrac{K_1\omega_{0A}}{1+K_2+K_4}$
III	Antrieb als Verzöge-rungsglied 2.Ordnung Gl. 3.4	$D_A=0,5$	$x_i(k)\omega_{0A} = x_1$ $u_{Mi}(k) = x_2$ $a_{Mi}(k)/\omega_{0A} = x_3$	$u_s(k)=K_1\omega_{0A}x_s(k)$ $\qquad -[K_1 K_2 K_3]\,\underline{x}(k)$	4.15	$\dfrac{K_1\omega_{0A}}{1+K_2}$

Tabelle 4.1: Untersuchte Regelsysteme.

Bewertungskriterien für das Verhalten der Regelungen

Maßgebend für die Qualität der Lageregelungen ist das Bahnverhalten der Maschine. Die Güte der Regelalgorithmen wird
daher anhand charakteristischer Kennwerte, die sich beim
Durchfahren einer Testbahn ergeben, beurteilt. Als Testbahn
wird eine rechtwinklige Ecke zugrundegelegt. Kennwerte sind
dann /2, 19/

- die Überschwingabweichung $ü_a$,
- die Eckenabweichung e_a,
- die maximale Beschleunigung (Beanspruchung)
  a_{Mmax} des Antriebmotors,
- der maximale Aussteuerbereich des Antriebmotors u_{smax}.

In <u>Bild 4.12</u> sind beispielhafte Bahnverläufe bei Zustandsregelungen für die angegebenen Antriebssysteme (Tabelle 4.1)
wiedergegeben. Zum Vergleich zeigt dieses Bild auch jeweils
die Istbahnen für entsprechende P-Lageregelungen ($K_{vP} = K_{vZ}$).
Die zugehörigen Kennwerte sind in der nachstehenden <u>Tabelle</u>
<u>4.2</u> zusammengefaßt.

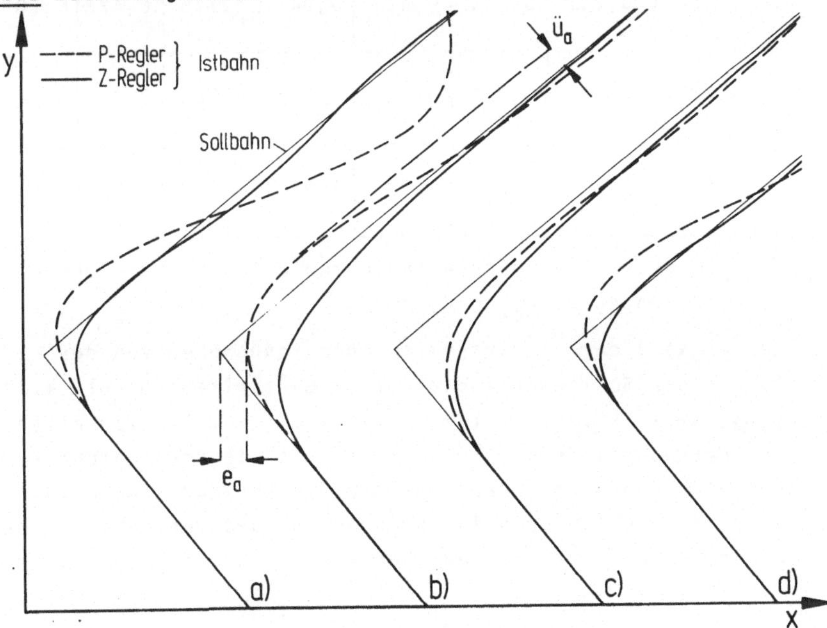

<u>Bild 4.12</u>: Bahnverläufe mit Zustands- und P-Lageregelungen
bei unterschiedlichen Antriebssystemen.

Antrieb	I		II		III			
Bild 4.12	a)		b)		c)		d)	
Regler	Z	P	Z	P	Z	P	Z	P
r	1	---	2	---	4	---	0,6	---
K_1	0,746	0,3	0,606	0,3	0,446	0,3	1,01	0,46
K_2	0,0651	---	0,712	---	0,512	---	1,202	---
K_3	1,14	---	0,628	---	0,434	---	0,868	---
K_4	1,46	---	0,3	---	---	---	---	---
K_5	1,01	---	---	---	---	---	---	---
K_v/ω_{0A}	0,3	0,3	0,3	0,3	0,3	0,3	0,46	0,46
$\dfrac{\ddot{u}_a}{u_B/\omega_{0A}}$	0,045	0,798	0	0,297	0	0,01	0,026	0,425
$\dfrac{e_a}{u_B/\omega_{0A}}$	0,454	0,227	0,711	0,437	0,94	0,776	0,426	0,285
$\dfrac{a_{Mmax}}{u_B/\omega_{0A}}$	0,303	0,323	0,348	0,31	0,296	0,295	0,451	0,44
$\dfrac{u_{smax}}{u_B}$	1,01	1,24	1,0	1,09	1,0	1,0	1,0	1,2

Tabelle 4.2: Charakteristische Kennwerte untersuchter Regelungen (T ω_{0A} = 0,5)

Die Abhängigkeit der charakteristischen Kenngrößen von der Bewertung r der Sollgeschwindigkeit im Gütekriterium (Gl. 4.12) veranschaulicht Bild 4.13 für Antriebe mit dem Zeitverhalten von Verzögerungsgliedern 2. Ordnung (a), sowie Verzögerungsgliedern 4. Ordnung (b). Dabei gelten die Kurvenverläufe in Bild 4.13a für beliebige Dämpfungsgrade D_A des Antriebssystems sowie bei zusätzlicher Totzeit T_t.

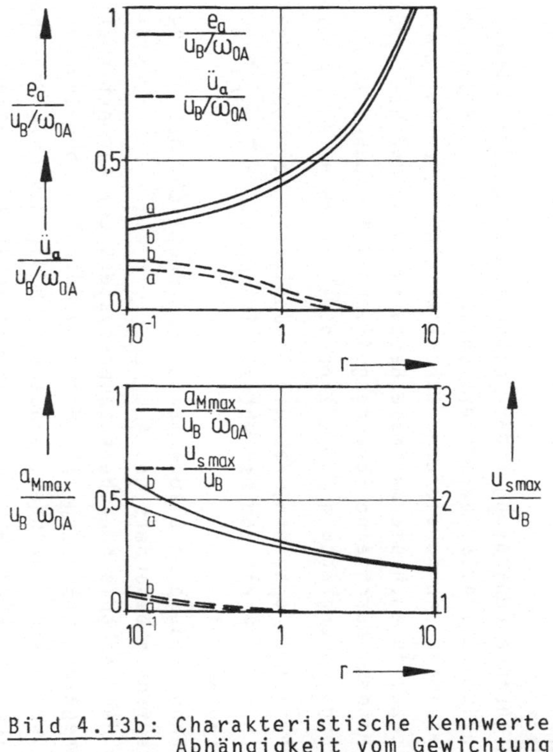

Bild 4.13a: Charakteristische Kennwerte in Abhängigkeit vom Gewichtungsfaktor. Antrieb Verzögerungsglied 2. Ordnung ($T_t/T \approxeq 0$).

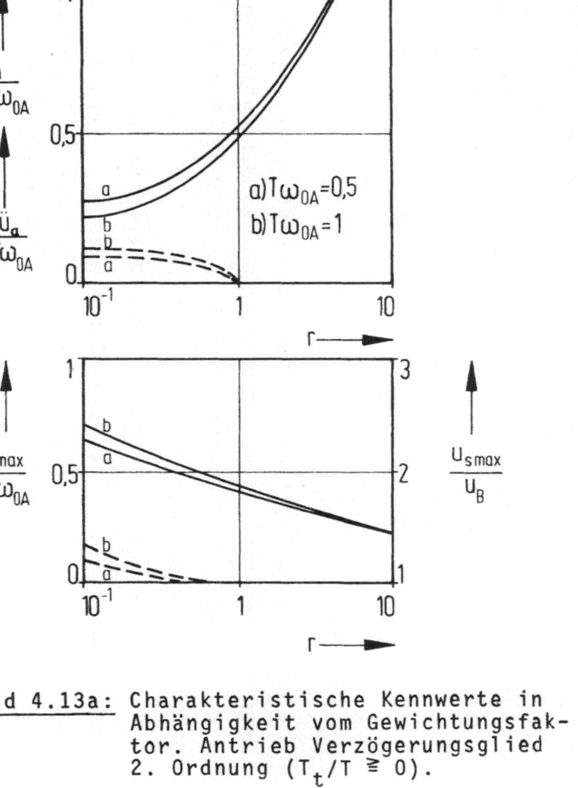

Bild 4.13b: Charakteristische Kennwerte in Abhängigkeit vom Gewichtungsfaktor. Antrieb mit elastisch gekoppelten mech.Übertragungsgliedern.

<u>Ergebnis:</u>

Eine geringe Gewichtung r der Sollgeschwindigkeit im Gütekriterium (Gl. 4.12) vermindert entsprechend Bild 4.13 zwar
die maximale Bahnabweichung (Eckenabweichung), erhöht aber
gleichzeitig auch die maximale Beschleunigung und Stellgröße
des Motors. Durch eine Führungsgrößenbeeinflussung, z. B.
Führungsgrößenglättung /19/, kann dies jedoch vermieden werden.

Ferner ist zu erkennen, daß die Abhängigkeit der charakteri-
stischen Kennwerte von der Abtastzeit für $0{,}5 \lesseqgtr T\,\omega_{OA} \lesseqgtr 1$
unbedeutend bleibt.

Die Bahnverläufe in Bild 4.12a machen deutlich, daß das Regelverfahren besonders bei Antrieben mit elastischer Kopp-
lung des mechanischen Übertragungssystems der konventionellen
Lageregelung überlegen ist. Nicht nur die Bahnabweichungen
sind wesentlich geringer, sondern auch die maximale Motorbeschleunigung wird, wenn auch nur geringfügig, reduziert
$(a_{MmaxZ} < a_{MmaxP})$.

Mit einer Einschränkung bezüglich des letzten Punktes
$(a_{MmaxZ} \lesseqgtr a_{MmaxP})$ läßt sich diese Aussage auch auf Antriebssysteme mit Totzeit übertragen.

Bei Vorschubantrieben mit dem Zeitverhalten eines Verzögerungsgliedes 2. Ordnung bringt dieses Regelverfahren für Ge-
wichtungsfaktoren $r \lesseqgtr 1$ oder Dämpfungsgrade $D_A \neq 0{,}5$ Vorteile
gegenüber einer herkömmlichen Lageregelung.

<u>Folgerungen:</u>

- Die erzielbare Regelgüte (hinsichtlich der oben angegebenen
  Bewertungskriterien) von Lageregelkreisen mit optimalen Zustandsreglern ist grundsätzlich besser als bei konventionellen Lageregelungen.

- Der programmtechnische Aufwand zur Realisierung eines Zustandsreglers liegt dagegen höher. Dies gilt verstärkt dann,
  wenn zusätzlich ein Beobachter zur Erfassung der Zustands-
  oder Störgrößen erforderlich ist (s. Abschnitt 5).

- Im Gegensatz zu Reglern mit P(ID)-Struktur verlangt die
  Synthese eines Zustandsreglers eine vollständige System-
  kenntnis, d. h. ein mathematisches Modell des zu regelnden
  Systems. Diesen Nachteil umgeht indessen eine rechnerunterstützte Modellermittlung (Identifikation) /16/.

- Der Entwurf des Reglers selbst ist hingegen weniger auf-
  wendig als eine Parameteroptimierung und kann besonders
  einfach mit Hilfe eines Digitalrechners durchgeführt werden.

- Eine derartige Lösung wird daher für gut dimensionierte
  konventionelle lagegeregelte Werkzeugmaschinen mit den üblichen Verfahrgeschwindigkeiten und Genauigkeitsansprüchen
  nicht erforderlich sein. Der Anwendungdbereich dieses Regelverfahrens wird vielmehr bei Maschinen mit elastischen
  mechanischen Übertragungsgliedern und bei Maschinen mit hohen Verfahrgeschwindigkeiten liegen (s. Abschnitt 7.2).

5   Beobachter

5.1   Allgemeine Gesichtspunkte

Die in Abschnitt 4.2 beschriebenen Regelverfahren setzen voraus, daß alle für die Regelung erforderlichen Zustandsgrößen
vorliegen. Dies ist aber bei den in dieser Arbeit untersuchten Lageregelungen aus meßtechnischen Gründen nicht immer möglich (s. Abschnitt 7). In diesen Fällen können Beobachter eingesetzt werden.

Beobachteraufbau

Zum Aufbau eines Identitätsbeobachters /17/ wird dem zu beobachtenden Übertragungssystem ein vollständiges Modell par-
allel geschaltet (Beobachtung aller Zustandsgrößen, Bild 5.1).

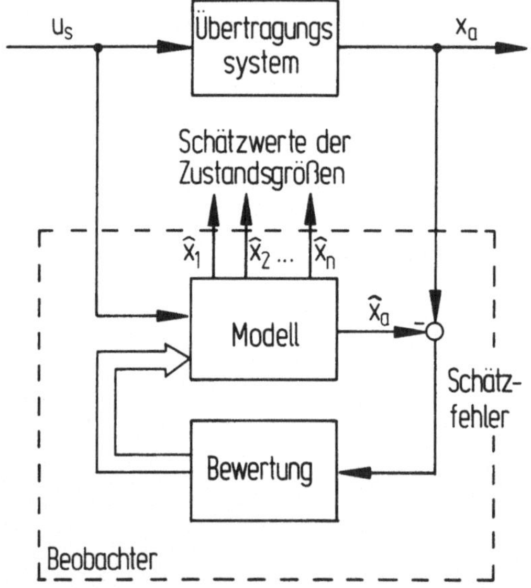

Bild 5.1:
Prinzip des Iden-
titätsbeobachters

x_a Ausgangsgröße,

u_s Eingangsgröße
     des Übertra-
     gungssystems

Die Differenz zwischen System- und Modellausgang, der Schätzfehler, wird bewertet auf den Modelleingang zurückgeführt.

Der Beobachter ist damit im Prinzip ein Folgeregelkreis, der den Schätzfehler auf Null ausregelt. Am Modell können dann die Schätzwerte der Zustandsgrößen abgegriffen werden.

Der Vorteil des Identitätsbeobachters liegt in seinem relativ einfachen Entwurf. Nachteilig ist jedoch eine gewisse Redundanz, da die gemessenen Zustandsgrößen ebenfalls geschätzt werden. Diese Redundanz und damit den unnötig hohen Realisierungsaufwand im Rechner vermeidet ein Beobachter reduzierter Ordnung.

Werden $\varkappa$ der n Zustandsgrößen direkt gemessen, kann ein Beobachter niedrigerer Ordnung und zwar der Ordnung $m = (n - \varkappa)$ zur Rekonstruktion der restlichen Zustandsgrößen eingesetzt werden (n Systemordnung) /17/.

Empfindlichkeit von Beobachtern

Ein Maß für die Güte eines Beobachters ist die Abweichung zwischen tatsächlichem und geschätztem Wert der Zustandsgrößen (Schätzfehler). Die Größe des Schätzfehlers hängt u. a. ab von

a) der Differenz der Anfangsbedingungen des Beobachters $\underline{\hat{x}}(0)$ und der Strecke $\underline{x}(0)$,

b) der Genauigkeit des dem Beobachterentwurf zugrundegelegten Modells und

c) den Störgrößen (z. B. Störung des Meßsignals).

Je nachdem, wie stark die Auswirkung eines ungenauen Modells bzw. eines Störsignals auf das Schätzverfahren ist, spricht man von einer geringen oder hohen Modellempfindlichkeit bzw. Störempfindlichkeit des Beobachters. Sowohl die Modellempfindlichkeit als auch die Störempfindlichkeit lassen sich durch die Lage der Beobachterpole z_{Bi} in der z-Ebene beeinflussen (s. Abschnitt 5.2).

Wahl der Beobachterpole

Neben den üblichen Stabilitätsbedingungen /17/ ergeben sich
aus dem Zeitverhalten des Gesamtsystems (Regelsystem-Beob-
achter) weitere Forderungen an die Lage der Beobachterpole.
Nach dem Separationstheorem /17/ gilt für die charakteristische Gleichung des Gesamtsystems (Regelkreis und Beobachter):

$$R(z) = \prod_{i=1}^{m} (z - z_{Bi}) \prod_{j=1}^{n} (z - z_j). \qquad (5.1)$$

Die Regelungspole z_j und die Beobachterpole z_{Bi} beeinflussen
sich nicht gegenseitig und können unabhängig voneinander
festgelegt werden. Damit die Regelungspole im wesentlichen
das Zeitverhalten des Gesamtsystems bestimmen, muß bei der
Wahl der Beobachterpole die Bedingung

$$|z_{Bi}| \ll |z_j| \qquad (5.2)$$

für alle i und j eingehalten werden.
Wählt man die Pole des Beobachters in der Nähe des Nullpunk-
tes der z-Ebene, wird die Einschwingzeit des Schätzfehlers
gering. Gleichzeitig erhöht sich jedoch die Empfindlichkeit
des Beobachters bezüglich der Störung der Meßsignale /17/.

Durch eine Verschiebung der Pole vom Nullpunkt (z = 0) weg
in Richtung des Einheitskreises wird zwar ein besseres Störverhalten erreicht, als Nachteil muß jedoch die Verlangsa-
mung des Einschwingvorgangs des Schätzfehlers in Kauf genommen werden.

Untersuchte Beobachter

Die in Abschnitt 5.2 ff. betrachteten Beobachter wurden im
Hinblick auf ihre Anwendung in den in Abschnitt 7 beschriebenen Regelungen entworfen und untersucht. Gemeinsam ist diesen Regelsystemen, daß als Vorschubmotor eine Gleichstromnebenschlußmaschine eingesetzt wird.

Als Meßgrößen stehen dort
- die Lage (direkt oder indirekt)
- die Motordrehzahl (bei Drehzahlregelung)
zur Verfügung. Für die Messung von Zustandsgrößen der mechanischen Übertragungsglieder (Abschnitt 7.2), z. B. der Beschleunigung, müssen zusätzliche Sensoren angebracht werden.

Nicht direkt gemessen werden können z. B. Lastgrößen, wie Reib- oder Vorschubkräfte (nur im stationären Zustand). Besonders für diese Größen ist der Beobachter ein Sensorersatz.
Die für die Berechnung von Zustands- und Lastgrößen verwendeten Beobachter wurden als Beobachter reduzierter Ordnung ausgeführt. Dabei wurde versucht, einen Kompromiß zwischen dem programmtechnischen und dem gerätetechnischen Aufwand zu schließen (d. h. einen Kompromiß zwischen Anzahl der Rechenoperationen und der Meßsysteme).

5.2 Zustandsbeobachter

5.2.1 Zustandsbeobachter für die Motorbeschleunigung

Verhält sich der Antrieb wie ein Verzögerungsglied 2. Ordnung, sind die Zustandsgrößen der gesamten Regelstrecke (Gl. 3.3) $x_1 = x_i \omega_{OA}$, $x_2 = u_i = u_{Mi}$ und $x_3 = a_{Mi}/\omega_{OA}$. Diese Werte verarbeitet der Zustandsregler (Gl. 4.14) zu der Stellgröße des Antriebs $u_s(k)$.
Wird neben der Lage x_i auch die Geschwindigkeit gemessen, kann ein Beobachter 1. Ordnung, die Motorbeschleunigung schätzen.
Andere Methoden zur Bestimmung der Motorbeschleunigung, wie Strommessung oder Differentiation des Drehzahlsignals, weisen demgegenüber verschiedene Nachteile auf:

- Eine Motorstrommessung erfordert eine zusätzliche Meßeinrichtung (u. einen A/D-Wandler). Außerdem ist der Strom bei Belastung (Reibung, Vorschubkräfte) nicht proportional zur Beschleunigung (s. Abschnitt 5.3).

- Eine Differentiation des Tachosignals (Drehzahl) verstärkt dessen höherfrequente Störanteile erheblich.

Grundlage des Beobachterentwurfs sind die Zustandsdifferenzengleichung (3.7) der Regelstrecke

$$\underline{x}(k+1) = \underline{A}\,\underline{x}(k) + \underline{b}\,u_s(k)$$

und die Meßgleichung

$$\begin{bmatrix} x_i(k) \\ u_i(k) \end{bmatrix} = \begin{bmatrix} \omega_{0A}-1 & 0 & 0 \\ 0 & 1 & 0 \end{bmatrix} \underline{x}(k)\,. \tag{5.3}$$

Aus der Systemmatrix $\underline{A}$ und dem Steuervektor $\underline{b}$ können nach
/17/ die Koeffizienten α_j und β des Beobachters

$$\hat{v}(k+1) = \alpha_1\,v(k) + \alpha_2\,x_2(k) + \alpha_3\,u_s(k)\,, \tag{5.4a}$$

$$\hat{x}_3(k) = \hat{v}(k) + \beta\,x_2(k) \quad (= \hat{a}_{Mi}/\omega_{0A}) \tag{5.4b}$$

mit $\hat{v}$ als Schätzwert einer Hilfsvariablen berechnet werden.
Eingangssignale des Beobachters sind Soll- und Istgeschwindigkeit des Vorschubmotors, Ausgangssignal ist der auf ω_{0A} bezogene Wert der Motorbeschleunigung, jeweils zu den Abtastzeitpunkten kT (Bild 5.2).

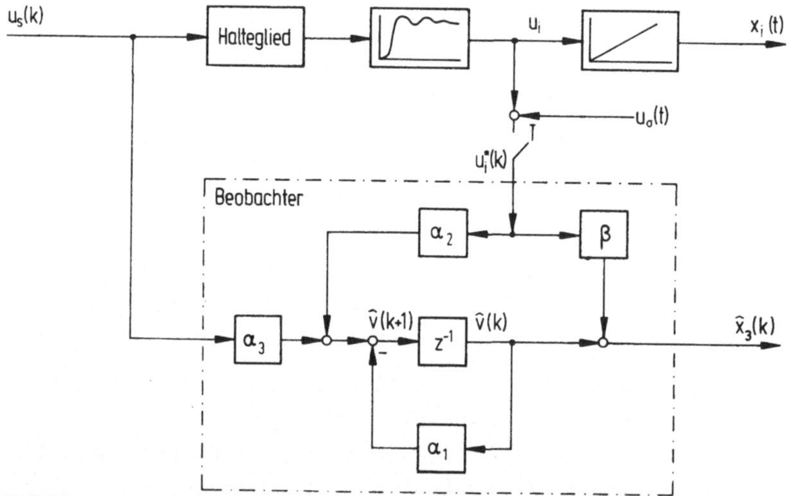

Bild 5.2: Aufbau des diskreten Zustandsbeobachters.

Diesen Beobachter entwirft unmittelbar der Mikrorechner (Abschnitt 7.1), der auch die eigentliche Regelung ausführt.
Die erforderlichen Eingabedaten des Syntheseprogramms
sind die Parameter des Vorschubantriebs (ω_{0A}, D_A), der Beobachterpol z_B sowie die Abtastzeit T.

Modell- und Störempfindlichkeit des Beobachters

Die Frage der Empfindlichkeit wird anhand dieses Beobachters
(Gl. 5.4) diskutiert. Die Ergebnisse lassen sich aber ohne
weiteres auch auf die übrigen behandelten Beobachter übertragen.
Dem Entwurf liegt ein Verzögerungsglied 2. Ordnung mit den
Parametern ω_{0A} und D_A als Antriebsmodell zugrunde. Wie in den
meisten Anwendungsfällen ist dieses aber nur eine Näherung
des wirklichen Zeitverhaltens. Ungenauigkeiten des Modells
können das Resultat einer unzureichenden Identifikation der
Strecke oder einer Schwankung der Parameter während des Betriebs sein.
Daher wird die Beschleunigungsberechnung durch den Algorithmus mehr oder weniger fehlerbehaftet sein. Je geringer die
Abweichungen zwischen tatsächlicher und geschätzter Beschleunigung sind, umso niedriger ist die Empfindlichkeit
des Beobachters bei ungenauem Modell.
Als Maß für die Modellempfindlichkeit wird das Betragsmaximum der Differenz zwischen tatsächlicher und geschätzer Beschleunigung

$$\varepsilon_{amax} = \max \left| a_{Mi} - \hat{a}_{Mi} \right| \tag{5.5}$$

bei sprungförmigem Eingangssignal des Antriebs herangezogen.

Den maximalen Fehler ε_{amax} in Abhängigkeit von Schwankungen
der Streckenparameter D_A und ω_{0A} und dem Beobachterpol z_B
zeigt Bild 5.3. Die Werte werden über eine digitale Simulation des Beobachterverhaltens bestimmt.

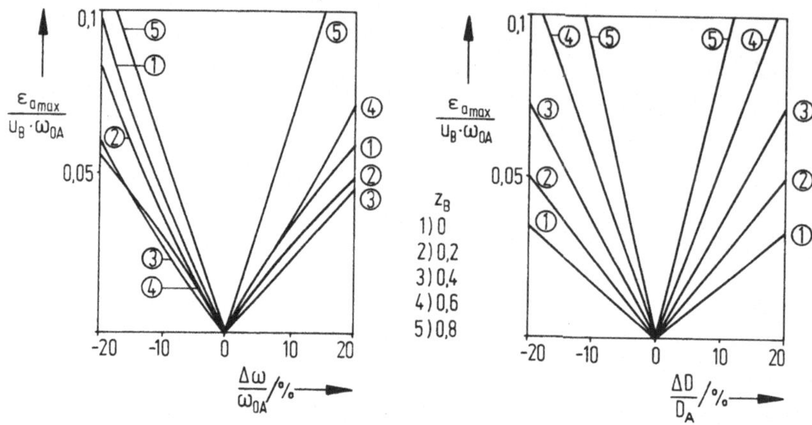

Bild 5.3: Bezogener Schätzfehler der Beschleunigung in Abhängigkeit von Schwankungen der Streckenparameter.

Die Störungen des Meßsignals (Tachosignal) verursachen weitere Fehler bei der Schätzung. In Abhängigkeit vom Beobachterpol verstärkt oder dämpft der Beobachter die Störanteile des Meßsignals. Diese Störempfindlichkeit des Beobachters wird anhand der maximalen Abweichungen zwischen tatsächlicher und geschätzter Beschleunigung

$$\varepsilon_{\sigma max} = \max \left| \hat{a}_{Mi} \right| \tag{5.6}$$

im Ruhezustand ($u_s = u_{Mi} = 0$ und $a_{Mi} = 0$) bewertet (Bild 5.4).

Als Störsignal erzeugt ein Zufallsgenerator bei der Rechnersimulation im Intervall ($-0,02 \leqq u_\sigma \leqq 0,02$) gleichverteilte Zufallszahlen, welche zum Geschwindigkeitswert u_i aufaddiert werden. Der Mittelwert dieses Störsignals ist gleich Null.

Die theoretischen Untersuchungen ergeben, daß sich der Beobachter relativ unempfindlich hinsichtlich Störungen des Meßsignals verhält. Ein Minimum des Schätzfehlers aufgrund von Störungen des Meßsignals erhält man nach Bild 5.3 für Beobachterpole

$$z_B \approx 1 - T\,\omega_{0A} \tag{5.7}$$

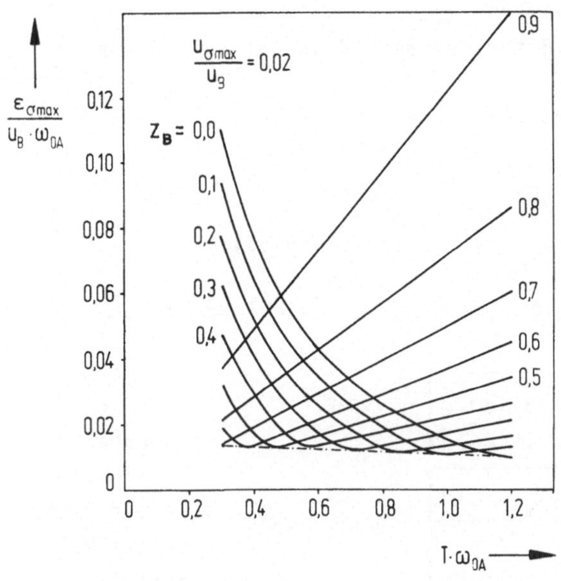

Bild 5.4: Bezogener maximaler Schätzfehler in Abhängigkeit von Abtastzeit und Beobachterpol.

Eine geringe Parameterempfindlichkeit wird durch Beobachterpole (Bild 5.3)

$$z_B \approx (0,4 \ldots 0,5) \qquad (5.8)$$

gewährleistet.

Diese Aussagen bestätigen Meßergebnisse an einem geregelten Gleichstromantrieb ($\omega_{0A} = 113\ s^{-1}$, $D_A = 0,6$) (Beispiele in Tabelle 5.1, Bilder 5.5 und 5.6.

z_B	T/ms	$\dfrac{\varepsilon_{amax}}{mm/s^2}$	$\dfrac{\varepsilon_{\sigma max}}{mm/s^2}$	Bilder	
0,4	2	6	23	5.5b u. 5.6b	$a_{Mmax} = 603\ mm/s^2$
0,6	2	38	8	5.5c u. 5.6c	(Bild 5.6a)
0,8	2	72	2	5.5d u. 5.6d	
0,4	4	47	4	5.5e u. 5.6e	$u_{\sigma max} = 6\ mm/min$
0,4	6	77	0	5.5f u. 5.6f	(Bild 5.5a)
0,4	8	74	2	5.5g u. 5.6g	

Tabelle 5.1: Daten untersuchter Beobachter.

So ist die Maximalabweichung ε_{amax} in <u>Bild 5.6c</u> in Ober-
einstimmung mit Gl. 5.8 für den Beobachterpol z_B = 0,4 mini-
mal.
Nach Beziehung 5.7 wird der Störanteil im Meßsignal bei einem Pol

$$z_B \approx 1 - 2\ \text{ms} \cdot 113\ \text{s}^{-1} = 0,774$$

am stärksten unterdrückt (vgl. dazu Bild 5.5d).

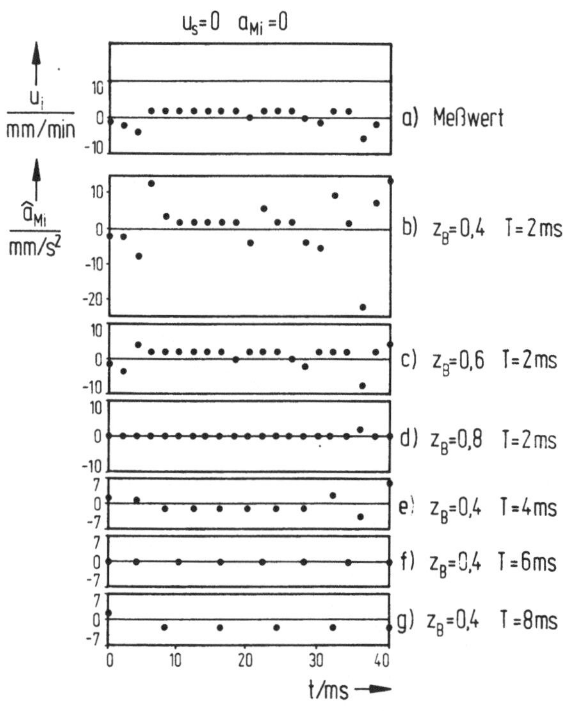

Bild 5.5:
Störverhalten
des Beobachters
in Abhängigkeit
vom Beobachter-
pol und der Ab-
tastzeit (Stö-
rung des Meß-
signals).

Die Ergebnisse zeigen, daß die Beschleunigung eines Gleich-
stromantriebes mit dem Hilfsmittel Beobachter gut nachgebildet werden kann. Je nach Lage des Beobachterpols gilt dies
auch dann, wenn die Parameter des Antriebs (innerhalb gewisser Grenzen) variieren und wenn dem Meßsignal ein Störanteil überlagert ist.

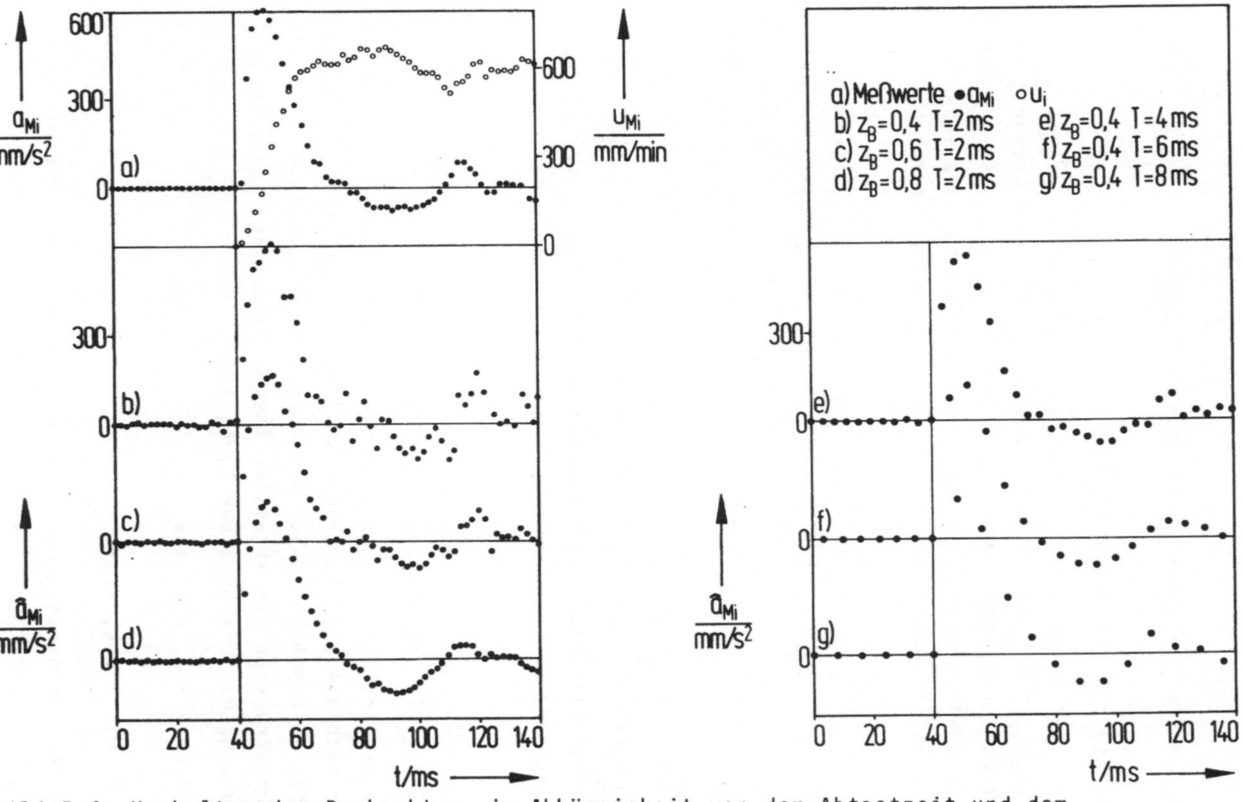

Bild 5.6: Verhalten des Beobachters in Abhängigkeit von der Abtastzeit und dem Beobachterpol.

5.2.2 <u>Zustandsbeobachter für Antriebe mit elastischen mechanischen Übertragungsgliedern</u>

<u>Antrieb als Verzögerungsglied 4. Ordnung (Gl. 3.2)</u>

Unter der Voraussetzung, daß die Motorgeschwindigkeit u_{Mi} (= x_4) und die Beschleunigung des mechanischen Übertragungssystems ($\sim x_3$) gemessen werden, kann für die Bestimmung der Istgeschwindigkeit u_i (= x_2) sowie des Motorstroms ($\sim x_5$) ein reduzierter Beobachter 2. Ordnung angegeben werden:

$$\underline{v}(k+1) = \begin{bmatrix} \alpha_{11} & \alpha_{12} \\ \alpha_{21} & \alpha_{22} \end{bmatrix} \underline{v}(k) + \begin{bmatrix} \beta_1 \\ \beta_2 \end{bmatrix} x_3(k) + \begin{bmatrix} \gamma_1 \\ \gamma_2 \end{bmatrix} x_4(k)$$

$$+ \begin{bmatrix} \vartheta_1 \\ \vartheta_2 \end{bmatrix} u_s(k) , \qquad (5.9a)$$

$$\begin{bmatrix} \hat{x}_2(k) \\ \hat{x}_5(k) \end{bmatrix} = \underline{v}(k) + \begin{bmatrix} \rho_1 & \rho_2 \end{bmatrix} \begin{bmatrix} x_3(k) \\ x_4(k) \end{bmatrix} . \qquad (5.9b)$$

Die Koeffizienten des Beobachters werden auch hier aus den Parametern der diskreten Zustandsgleichungen ermittelt.

<u>Antrieb als Verzögerungsglied 2. Ordnung (Gl. 3.5)</u>

Ist das Zeitverhalten des Drehzahlregelkreises gegenüber dem der mechanischen Übertragungsglieder zu vernachlässigen (Gl. 3.5), so beschränkt sich die Aufgabe des Beobachters auf die Rekonstruktion der aktuellen Istgeschwindigkeit u_i (= x_2). Diese Größe berechnet der Beobachter

$$v(k+1) = \alpha_1 \, v(k) + \alpha_2 \, u_s(k) + \alpha_3 \, x_3(k) , \qquad (5.10a)$$

$$\hat{x}_2(k) = v(k) + \beta x_3(k) \qquad (5.10b)$$

aus dem Beschleunigungssignal des mechanischen Systems a_i ($\sim x_3$) und dem Eingangssignal des Antriebs u_s jeweils zu den Abtastzeitpunkten kT.

5.3   Zustands- und Störgrößenbeobachter

Auf den Vorschubantrieb wirken neben der Führungsgröße u_s
Lastmomente (Reibung, Vorschubkräfte) ein. Diese Störgrößen
sind nur bedingt und mit großem Aufwand meßbar.
Enthält der dem Lageregelkreis unterlagerte Geschwindigkeitsregelkreis einen Regler mit I-Anteil (Abschnitt 5.2), bewirkt
die äußere Last keine bleibenden Abweichungen zwischen den
beobachteten und den tatsächlichen Zustandsgrößen. Ohne unterlagerte Regelung bzw. bei Verwendung eines P-Geschwindig-
keitsreglers ist dies jedoch der Fall. Die Beobachtung läßt
sich dann dadurch verbessern, daß der Beobachterentwurf die
Last in Form eines Lastmodells einbezieht /17, 20/.

Für eine ungeregelte Gleichstromnebenschlußmaschine (<u>Bild 5.7</u>)
wird ein derartiger zeitdiskreter Beobachter zur Schätzung
des Motorstroms und der Last hergeleitet und untersucht.

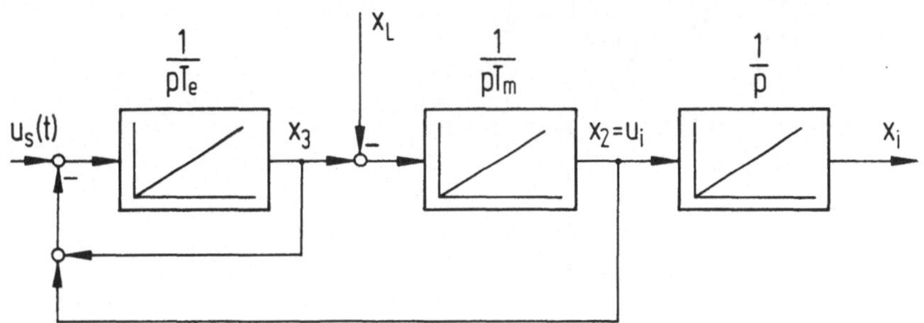

<u>Bild 5.7:</u> Blockschaltbild der Regelstrecke mit ungeregeltem
Vorschubmotor (bezogene Darstellung).

Unter der Annahme, daß Vorschubkräfte zu einem unbekannten
Zeitpunkt sprungförmig aufgebaut werden und dann innerhalb
eines zeitlichen Intervalls annähernd konstant bleiben, kann
das Lastmodell zu

$$\frac{dx_L}{d\tau} = 0 \tag{5.11}$$

formuliert werden. Damit erweitert das Lastmodell (Gl. 5.11) die Zustandsgleichungen des Gleichstrommotors (Gl. 3.1) zu:

$$\begin{bmatrix} \dfrac{d\underline{x}}{d\tau} \\[2mm] \dfrac{dx_L}{d\tau} \end{bmatrix} = \begin{bmatrix} 0 & 1 & 0 & 0 \\ 0 & 0 & 1 & -1 \\ 0 & -\lambda & -\lambda & 0 \\ 0 & 0 & 0 & 0 \end{bmatrix} \begin{bmatrix} \underline{x} \\ \\ \\ x_L \end{bmatrix} + \begin{bmatrix} 0 \\ 0 \\ \lambda \\ 0 \end{bmatrix} u_s \, , \tag{5.12a}$$

$$\begin{bmatrix} x_i \\ \\ u_i \end{bmatrix} = \begin{bmatrix} T_m & 0 & 0 & 0 \\ \\ 0 & 1 & 0 & 0 \end{bmatrix} \begin{bmatrix} \underline{x} \\ \\ x_L \end{bmatrix} \qquad \text{(Meßgleichung)} \, . \tag{5.12b}$$

Der Übergang zur diskreten Form führt zur Zustandsdifferenzengleichung

$$\begin{bmatrix} \underline{x}(k+1) \\ x_L(k+1) \end{bmatrix} = \underline{A}_e \begin{bmatrix} \underline{x}(k) \\ x_L(k) \end{bmatrix} + \underline{b}_e \, u_s(k) \, . \tag{5.13}$$

Der daraus abgeleitete Beobachter

$$\underline{\vartheta}(k+1) = \begin{bmatrix} \alpha_{11} & \alpha_{12} \\ \alpha_{21} & \alpha_{22} \end{bmatrix} \underline{\vartheta}(k) + \begin{bmatrix} \beta_1 \\ \beta_2 \end{bmatrix} x_2(k) + \begin{bmatrix} \gamma_1 \\ \gamma_2 \end{bmatrix} u_s(k) \, , \tag{5.14a}$$

$$\begin{bmatrix} \hat{x}_L(k) \\ \hat{x}_3(k) \end{bmatrix} = \underline{\vartheta}(k) + \begin{bmatrix} \vartheta_1 \\ \vartheta_2 \end{bmatrix} u_i(k) \tag{5.14b}$$

erfaßt neben der dem Motorstrom entsprechenden Zustandsgröße x_3 den schwer meßbaren Wert der Lastgröße x_L ($\sim M_L$) (<u>Bild 5.8</u>).

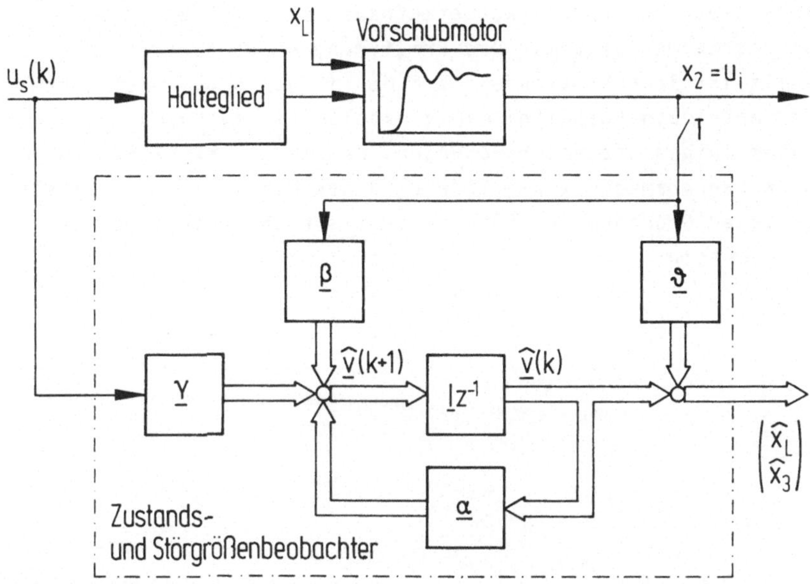

Bild 5.8: Aufbau des Zustands- und Störgrößenbeobachters.

5.4 Zusammenfassung

Für Vorschubantriebe mit Gleichstromnebenschlußmaschinen ist es möglich, relativ einfach zeitdiskrete Beobachter zur Bestimmung

a) interner Systemgrößen und

b) von außen wirkender Kräfte oder Momente

anzugeben.

Wesentliche Gründe, die für den Beobachtereinsatz sprechen, sind:

- Die Verringerung der Anzahl der Sensoren. Dies vermindert vor allem bei der Ausführung der Regelung und der Beobachtung mit einem Digitalrechner, den gerätetechnischen Aufwand der Regeleinrichtung.

- Größen, die praktisch nicht meßbar sind, können aus vorhandenen Informationen (Meßwerten) rekonstruiert werden.

Voraussetzung des Beobachteraufbaus ist ein Modell des zu beobachtenden Systems. Die Ermittlung eines linearen Modells ist jedoch besonders bei den in der Arbeit betrachteten Antrieben verhältnismäßig problemlos (s. Abschnitt 3). Zudem zeigen die Untersuchungen, daß auch Schwankungen der Streckenparameter sowie Störungen des Meßsignals (innerhalb gewisser Grenzen) das Schätzergebnis nicht wesentlich verschlechtern.

6   Die Wahl der Abtastzeit

Neben dem Regler und dem Streckenverhalten beeinflußt der Wert der Abtastzeit in nicht unerheblichem Maße das Zeithalten von Abtastregelkreisen. Daher sollen in diesem Abschnitt einige Überlegungen zu deren Wahl angestellt werden.

Grundsätzlich führt die zeitdiskrete Arbeitsweise des Reglers zu einer Verringerung des Stabilitätsbereichs des Regelkreises. Außerdem reduziert eine zu groß gewählte Abtastzeit die erreichbare Bandbreite des Regelsystems. Diese Verschlechterung ist aber erst ab einer bestimmten Abtastzeit $T > T_{gr}$ von praktischer Bedeutung (s. Abschnitt 4.2 und 4.3).

Aber nicht nur die Bandbreite des geschlossenen Regelkreises, sondern auch die Dynamik der Regelstrecke muß bei der Vorgabe der Abtastzeit berücksichtigt werden. So ist im nachstehenden Beispiel (Bild 6.1) der Wert der Abtastzeit bezüglich der Antriebsdynamik zu groß gewählt.

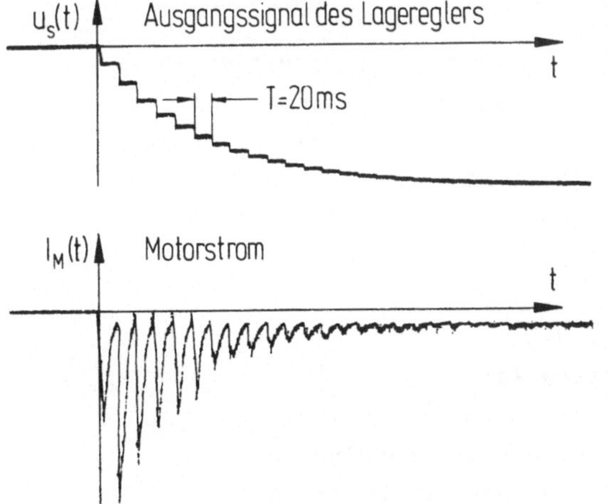

Bild 6.1:
Verlauf des gemessenen Reglerausgangssignals u_s (Sollgeschwindigkeit) und des Motorstroms I_M eines Abtastregelkreises über der Zeit.

Der Motor führt daher bei Übergangsvorgängen eine Schwingung mit der Frequenz $f = 1/T$ aus, die sich besonders ausgeprägt im Verlauf des Motorstroms zeigt.

Die strengste Anforderung an die Abtastzeit wird hinsichtlich

des Störverhaltens des Lageregelkreises gestellt. Dies gilt
verstärkt dann, wenn nicht nur die Lageregelung sondern auch
die unterlagerte Geschwindigkeitsregelung zeitdiskret arbei-
tet. Im ungünstigsten Fall reagiert hier die Regelung frühe-
stens nach einem Abtastintervall auf eine Störung (Beispiel
Bild 6.2).

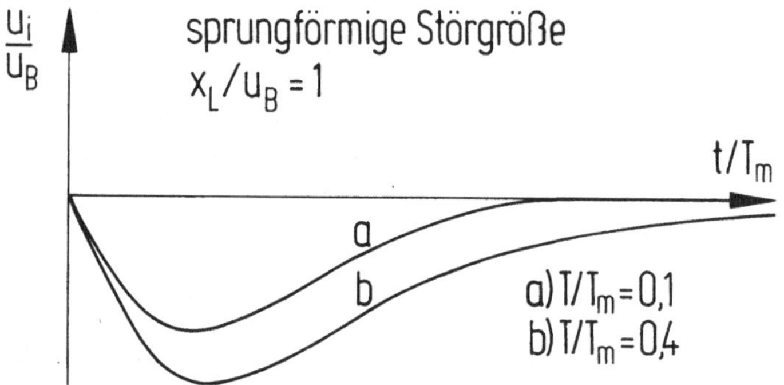

Bild 6.2: Störverhalten eines zeitdiskreten Geschwindigkeits-
          regelkreises.

Soll der Rechner mehrere Aufgaben "gleichzeitig" über-
nehmen (z. B. die Lageregelung in mehreren Achsen), dann
steht den obigen Forderungen nach einer möglichst kleinen
Abtastzeit die Notwendigkeit eines ausreichend großen Zeit-
intervalls zur Abarbeitung der Aufgaben entgegen.
Zusammenfassend richtet sich die Wahl der Abtastzeit nach
den Gesichtspunkten
    - erforderliche Regelgüte
    - Dynamik der Regelstrecke
    - Störverhalten
    - Anzahl der Aufgaben, die der Rechner zu
      bewältigen,hat und der dazu erforderliche
      Rechenaufwand.
Einige Richtwerte für die Größe der Abtastzeit in Abhängigkeit vom Zeitverhalten des Vorschubantriebs sind in Tabelle
6.1 zusammengestellt.

Kriterium	Abtastzeit	Gl.	Literatur	Beschreibungsform der Antriebsdynamik
Sprungant-wort	$0,09 T_E \leqq T \leqq 0,18 T_E$	(6.1)	/21/	Sprungantwort
modifi-ziertes Abtast-theorem	$\frac{\pi}{5} \leqq T\omega_{gr} \leqq \frac{\pi}{3}$	(6.2)	/21/	Frequenzgang
Regelgüte (s.Abschn. 4)	$0,5 \leqq T\omega_{0A} \leqq 1$	(6.3)		Frequenzgang Struktur nach Gl. (2.2...2.4)
Steuer-barkeit	$\frac{\pi}{6} \leqq T\omega_{0A}\sqrt{1-D_A^2} \leqq \frac{\pi}{3}$	(6.4)	/17/	Frequenzgang Struktur nach Gl.2.4

Tabelle 6.1: Richtwerte für die Abtastzeit.

(ω_{gr} Grenzkreisfrequenz)
(T_E Einschwingzeit bis die Abweichung vom stationären Endwert unter 5 % liegt)

Beispiel

Als übliche Kennwerte für Antriebe, deren Zeitverhalten durch ein Verzögerungsglied 2. Ordnung angenähert werden kann, gelten heute resultierend aus den Anforderungen an das Bahnverhalten von NC-Maschinen:

$$100 \ s^{-1} \leqq \omega_{0A} \leqq 200 \ s^{-1}$$

und

$$0,4 \leqq D_A \leqq 0,7.$$

Daraus erhält man mit Gl. 6.4 für die erforderlichen Abtastzeiten

$$2 \ ms \leqq T \leqq 11 \ ms.$$

7   Ausgeführte Regelungen

Um den praktischen Nachweis der in den vorangegangenen Abschnitten wiedergegebenen Ergebnisse zu führen, wurden für

    a) einen Werkzeugmaschinenschlitten,

    b) einen Industrieroboter,

die in den Abschnitten 4 und 5 beschriebenen Regel- bzw. Beobachteralgorithmen in einem Digitalrechner ausgeführt und das Verhalten der digitalen Regelkreise anhand der Systemantwort auf ein Testsignal überprüft.
Den Aufbau der Regelkreise sowie das Resultat der Untersuchungen schildert dieser Abschnitt.

7.1   Lageregelung eines Werkzeugmaschinenschlittens

7.1.1   Gerätetechnischer Aufbau

Die Regelstrecke setzt sich aus einem permanenterregten Gleichstrommotor, der über eine Kugelumlaufspindel den Schlitten bewegt (Bild 7.1), sowie einem pulsbreitenmodulierten Transistorverstärker zusammen.

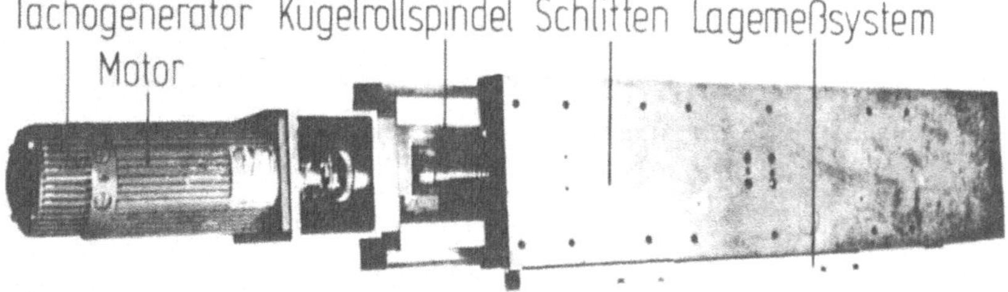

Bild 7.1: Vorschubantrieb des Versuchstandes.

Die unmittelbar vorhandenen Meßwerte sind:

    - der Lage-Istwert (direkter, digitaler Linearmaßstab)
    - die Motordrehzahl (Tachogenerator).

Als Regelgerät steht ein Mikrorechner zur Verfügung. Das Ausgangssignal des Rechners steuert über die Prozeßperipherie den Antrieb an (Bild 7.2).

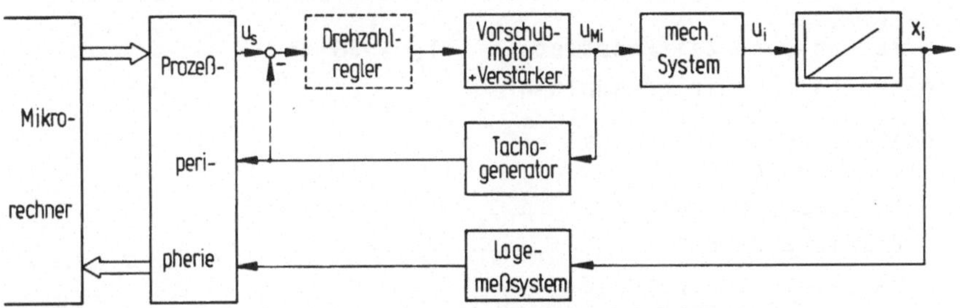

Bild 7.2: Signalflußplan des Lageregelkreises.

Die wichtigsten technischen Daten der Baugruppen des Lageregelkreises sind in Tabelle 7.1 zusammengestellt.

Regeleinrichtung

Regelrechner TEXAS 990/4	16-bit-Wort (verfügt über Multiplikations- und Divisionsbefehle)
Lagemeßsystem (linearer Impulsgeber)	Auflösung 10 μm
A/D-Wandler	12 bit
D/A-Wandler	12 bit

Vorschubeinheit

---

max. Motormoment	185 Nm
max. Motordrehzahl	$2000 \ \mathrm{min}^{-1}$
gesamtes Massenträgheitsmoment (auf die Motorwelle bezogen)	$0{,}04 \ \mathrm{kgm}^2$
Umkehrspanne zwischen Motorwelle und Schlitten	40 μm
Haftreibmoment	2 Nm
Unempfindlichkeitsbereich des ungeregelten Antriebs	$2\varepsilon_u = 520 \ \mathrm{mm/min}$
Zeitverhalten des ungeregelten Vorschubmotors (Verzögerungsglied 2. Ordnung)	
elektrische Zeitkonstante	$T_e = 2{,}6 \ \mathrm{ms}$

Vorschubeinheit

---

mechanische Zeitkonstante	T_m = 38 ms
Zeitverhalten der geregelten Vorschubeinheit (Drehzahlregelkreis, Verzögerungsglied 2. Ordnung)	
Kennkreisfrequenz	ω_{0A} = 113 s^{-1}
Dämpfungsgrad	D_A = 0,6
mechanische Übertragungsglieder (Verzögerungsglied 2. Ordnung)	ω_{0mech} > 300 s^{-1} (vernachlässigbar)

Tabelle 7.1: Technische Daten der Übertragungselemente
des Lageregelkreises.

7.1.2 Digitale Lageregelung mit unterlagerter digitaler Geschwindigkeitsregelung

Der Aufbau dieser Regelungen, ihre Wirkungsweise und die dabei auftretenden Probleme wurden in Abschnitt 4.2.1 erörtert. Dieser Abschnitt beschränkt sich daher darauf, zusätzlich zu den theoretischen Ergebnissen einige experimentelle Ergänzungen zu liefern.

Digitale Geschwindigkeitsregelung

Der Geschwindigkeitsregelkreis wurde für den Vorschubantrieb des Versuchstandes realisiert. Mit den Daten des Vorschubmotors (T_e/T_m = 0,07) und der Abtastzeit T = 4 ms ($T/T_m \approx$ 0,1) folgen aus Bild 4.5 die Koeffizienten des Geschwindigkeitsreglers (Gl. 4.4a).

$$u_G(k) = u_G(k-1) + c_1 \, \Delta u(k) + c_0 \, \Delta u(k-1)$$

in Tabelle 7.2

	a	b
c_0	-3,6	-1,65
c_1	4	2
T/ms	4	4

Tabelle 7.2:
Einstellwerte des Geschwindigkeitsreglers.

a) $u_{Gmax} \leqq 4 \Delta u_{smax}$ b) $u_{Gmax} \leqq 2 \Delta u_{smax}$

a) Messung der Geschwindigkeit über das Tachogeneratorsignal

Um den Einfluß von Quantisierungsfehlern möglichst gering zu
halten, wird in einem ersten Schritt die Geschwindigkeit vom
Tachogenerator gemessen und über einen A/D-Wandler vom Mikrorechner übernommen.

Die gemessenen Sprungantworten des digital geregelten Vorschubantriebs (Bild 7.3) zeigen für die obigen Einstellwerte eine relativ gute Übereinstimmung mit dem Verlauf der
simulierten Sprungantworten in Bild 4.6.

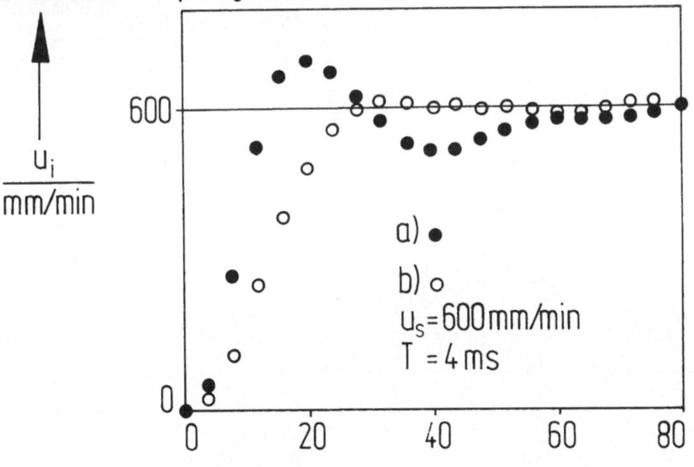

Bild 7.3: Sprungantworten des digitalen Geschwindigkeitsregelkreises (Geschwindigkeit gemessen).

Die Darstellung des Geschwindigkeitsverlaufs durch einzelne
Punkte (Bild 7.3) wird gewählt, um den Charakter des Geschwindigkeitsregelkreises als Abtastsystem hervorzuheben.
Da zudem in manchen Fällen bestimmte Größen, wie z. B. beobachtete Zustandsvariablen, nur zu den Abtastzeitpunkten de-
finiert sind, wird diese Beschreibungsform im folgenden für
alle vom Rechner aufgenommenen oder erzeugten Werte beibehalten.

b) <u>Berechnung der Geschwindigkeit aus dem Wegsignal</u>

Die Auflösung des verwendeten Linearmaßstabes beträgt
$\delta x = 10\ \mu m$. Dadurch treten hier nicht zu vernachlässigende
Quantisierungsfehler bei der Bestimmung der Geschwindigkeit
auf.

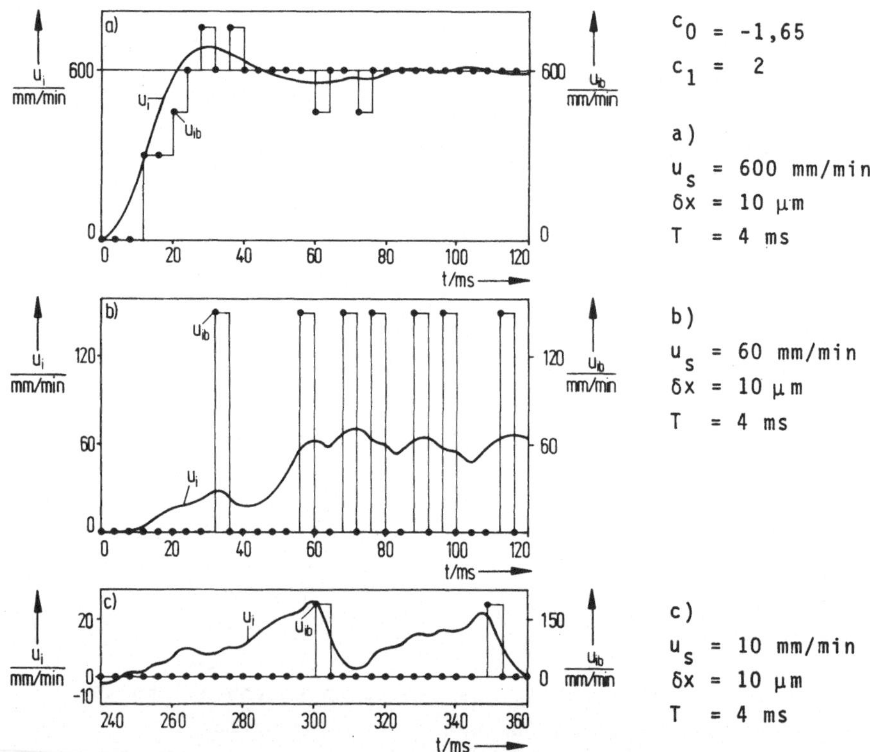

Bild 7.4: Sprungantworten des digitalen Geschwindigkeitsregelkreises (Geschwindigkeit berechnet).

So beträgt bei einer Abtastzeit von T = 4 ms die erfaßbare
Geschwindigkeitsänderung $\delta u = \delta x/T$ = 150 mm/min. Die Auswirkung dieser Quantisierungsgenauigkeit zeigen in Übereinstimmung mit den theoretischen Ergebnissen die Übergangs-
vorgänge Bild 7.4.
Neben der für die Regelung erforderlichen berechneten Geschwindigkeit u_{ib} (Gl. 4.7), ist zusätzlich die gemessene Geschwindigkeit u_i (Tachosignal) über der Zeit aufgezeichnet.
Bei kleinen Geschwindigkeitssollwerten beeinflußt verstärkt
der Unempfindlichkeitsbereich des ungeregelten Antriebs das
Übergangsverhalten des Geschwindigkeitsregelkreises. Um ausschließlich die Quantisierungsschwingungen herauszustellen,
wird daher in Bild 7.4c auf die Darstellung der Sprungant-
wort für t < 240 ms verzichtet.

Digitale Lage- und Geschwindigkeitsregelung

Anfahrvorgänge des lagegeregelten Maschinenschlittens mit
unterlagerter Geschwindigkeitsregelung zeigt Bild 7.5 für
beide Lösungen der Geschwindigkeitserfassung. Als Testsignal (Führungsgröße) dient eine Anstiegsfunktion

$$x_s(k+1) = x_s(k) + u_B T, \qquad (7.1)$$

wobei für die praktische Ausführung nur ganzzahlige Weginkre-
mente δx auf den Eingang des Lageregelkreises gegeben werden
(s. Führungsgröße im rechten Bildteil).
Während im Fall der Geschwindigkeitsmessung (a) die Istposition über der Zeit qualitativ unabhängig von der Höhe der
Verfahrgeschwindigkeit verläuft, wird bei der Ableitung der
Geschwindigkeit aus dem Lagesignal (b) der Einfluß der Quan-
tisierungsnichtlinearität besonders bei kleinen Geschwindigkeiten sichtbar.

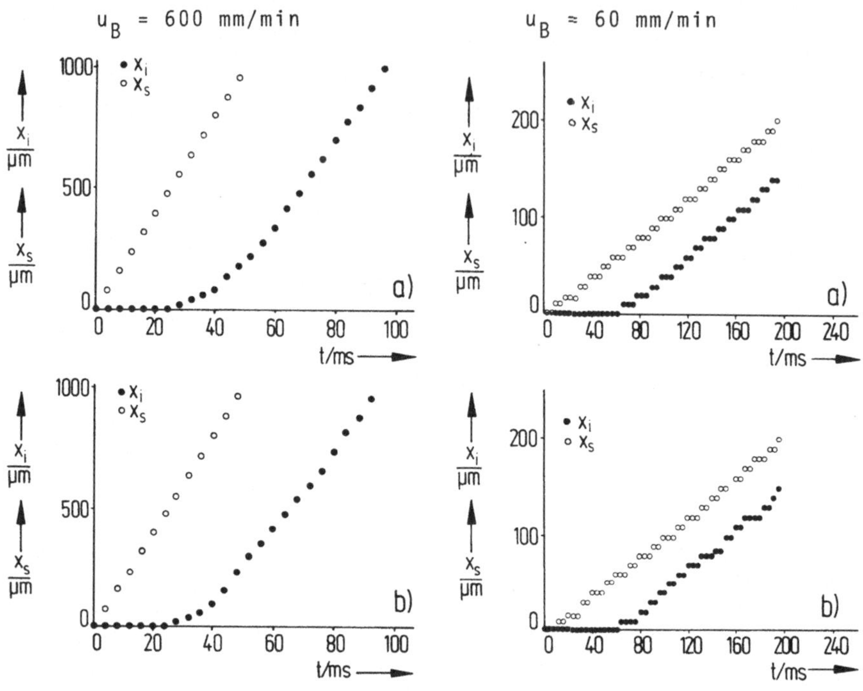

Bild 7.5: Digitale Lage- und Geschwindigkeitsregelung.
Anfahrvorgänge
a) Geschwindigkeit gemessen
b) Geschwindigkeit berechnet

7.1.3 Digitale Zustandsregelung mit unterlagertem analogem Drehzahlregelkreis

Der Zustandsregler wird hier ausschließlich im Hinblick auf
das Führungsverhalten des Lageregelkreises entworfen. Um
dennoch eine Ausregelung von Störgrößen, wie z. B. Lastmomente, zu gewährleisten, wird der unterlagerte analoge Drehzahlregelkreis zunächst beibehalten.
Das Zeitverhalten des Vorschubantriebs läßt sich durch ein
Verzögerungsglied 2. Ordnung beschreiben.

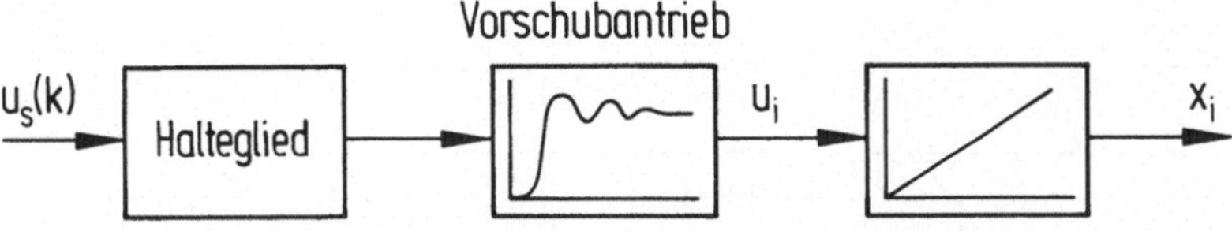

Bild 7.6: Blockschaltbild der Regelstrecke.

Das zeitdiskrete Modell (Gl. 3.7) der gesamten Regelstrecke
(Bild 7.6) wird dementsprechend aus den kontinuierlichen Zustandsgleichungen (Gl. 3.4) abgeleitet:

$$\underline{x}(k+1) = \underline{A}\,\underline{x}(k) + \underline{b}\,u_s(k),$$

$$x_i(k) = (\omega_{0A}^{-1} \quad 0 \quad 0)\,\underline{x}(k).$$

In Abhängigkeit von der Bewértung r der Steuergröße u_s berechnet der Synthesealgorithmus (Matrix-Riccati-Differenzenglei-
chung /17/) bezüglich des Gütekriteriums (Gl. 4.12)

$$I_D = \sum_{k=0}^{\infty} \left[\, x_1(k)^2 + r\,u_s(k)^2 \,\right]$$

den strukturoptimalen Regler (Gl. 4.15)

$$u_s(k) = -\left[K_1 \quad K_2 \quad K_3\right]\underline{x}(k) + K_1^x\,x_s(k).$$

Geht man davon aus, daß die Motorbeschleunigung über einen
Beobachter (Gl. 5.4, Abschnitt 5.2.1) zurückgeführt wird, so
folgt für den programmierten Regelalgorithmus, einschließlich
dem Steuerglied für die Führungsgröße x_s

$$u_s(k) = -K_1\,x_1 - K_2\,x_2 - K_3\,\hat{x}_3 + K_1\,\omega_{0A}\,x_s \qquad (7.2a)$$

oder

$$u_s(k) = K_1\,\omega_{0A}\left[\,x_s(k) - x_i(k)\,\right] - K_2\,u_i(k) - K_3\,\hat{a}_{Mi}(k)/\omega_{0A}.$$

$$(7.2b)$$

Damit ergibt sich für das Regelsystem das Blockschaltbild
<u>Bild 7.7.</u>

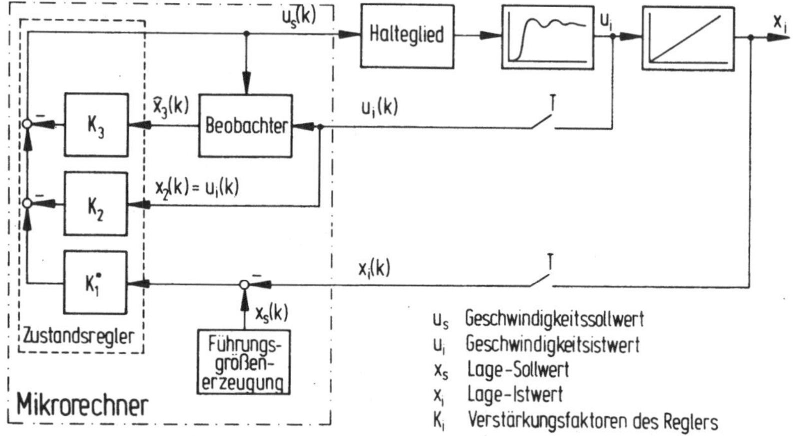

<u>Bild 7.7:</u> Blockschaltbild des Regelsystems.

Bei dem betrachteten Antriebssystem (Gl. 3.4) erhält man mit
den Parametern des Antriebs $\omega_{0A} = 113\ s^{-1}$ und $D_A = 0,6$ nach
Gl. 6.3 für die Abtastzeit $4,4\ ms \leqq T \leqq 8,8\ ms$. Gewählt
wird $T = 4\ ms$, womit für die diskreten Zustandsgleichungen
gilt:

$$x(k+1) = \begin{bmatrix} 1 & 0,4386 & 0,0845 \\ 0 & 0,9155 & 0,3372 \\ 0 & -0,3372 & 0,5109 \end{bmatrix} \underline{x}(k) + \begin{bmatrix} 0,0136 \\ 0,0845 \\ -0,3772 \end{bmatrix} u_s(k),$$

$$(7.3a)$$

$$x_i(k) = \begin{bmatrix} 113\ s^{-1} & 0 & 0 \end{bmatrix} \underline{x}(k) \qquad (7.3b)$$

Der Bewertungsfaktor $r = 0,6$ liefert das Regelgesetz (+ Steuerung)

$$u_s(k) = -\begin{bmatrix} 1,05 & 1,32 & 0,83 \end{bmatrix} \underline{x}(k) + 118\ s^{-1}\ x_s(k)$$

$$(7.4a)$$

bzw.

$$u_s(k) = 118\ s^{-1} \begin{bmatrix} x_s(k) - x_i(k) \end{bmatrix} - 1,32\ u_i(k) - 0,83\ \hat{x}_3(k)$$

$$(7.4b)$$

Der Verlauf der Soll- und der Istposition, der Geschwindigkeit und der beobachteten Motorbeschleunigung bei einem Positioniervorgang ist für r = 0,6 in Bild 7.8 und für r = 0,4 in Bild 7.9 aufgetragen. Zum Vergleich sind dort auch die Größen für die entsprechenden P-Lageregelungen (K_{vP} = K_{vZ}) eingetragen.

Für den Positioniervorgang steuert eine Anstiegsfunktion (Gl. 7.1),

$$x_s(k+1) = x_s(k) + u_B T,$$

die ebenfalls der Mikrorechner erzeugt, den Lageregelkreis an.

In Tabelle 7.3 sind die Daten der Regelungen sowie die aus den Meßergebnissen abgeleiteten charakteristischen Kennwerte zusammengestellt.

Bild	7.8		7.9	
Regler	Z	P	Z	P
T/ms	4	4	4	4
z_B	0,4	0,4	0,2	0,2
r	0,6	--	0,04	--
K_1	1,05	0,45	3,09	0,7
K_2	1,32	--	3,41	--
K_3	0,83	--	1,69	--
K_v/s^{-1}	51	51	80	80
$\dfrac{u_B}{mm/min}$	2400	2400	1800	1800
$\dfrac{a_{Mmax}}{mm/s^2}$	1832	1740	2500	1723
$\dfrac{ü_a}{\mu m}$	0	130	40	140

Tabelle 7.3: Daten und Meßergebnisse der untersuchten Lageregelungen.

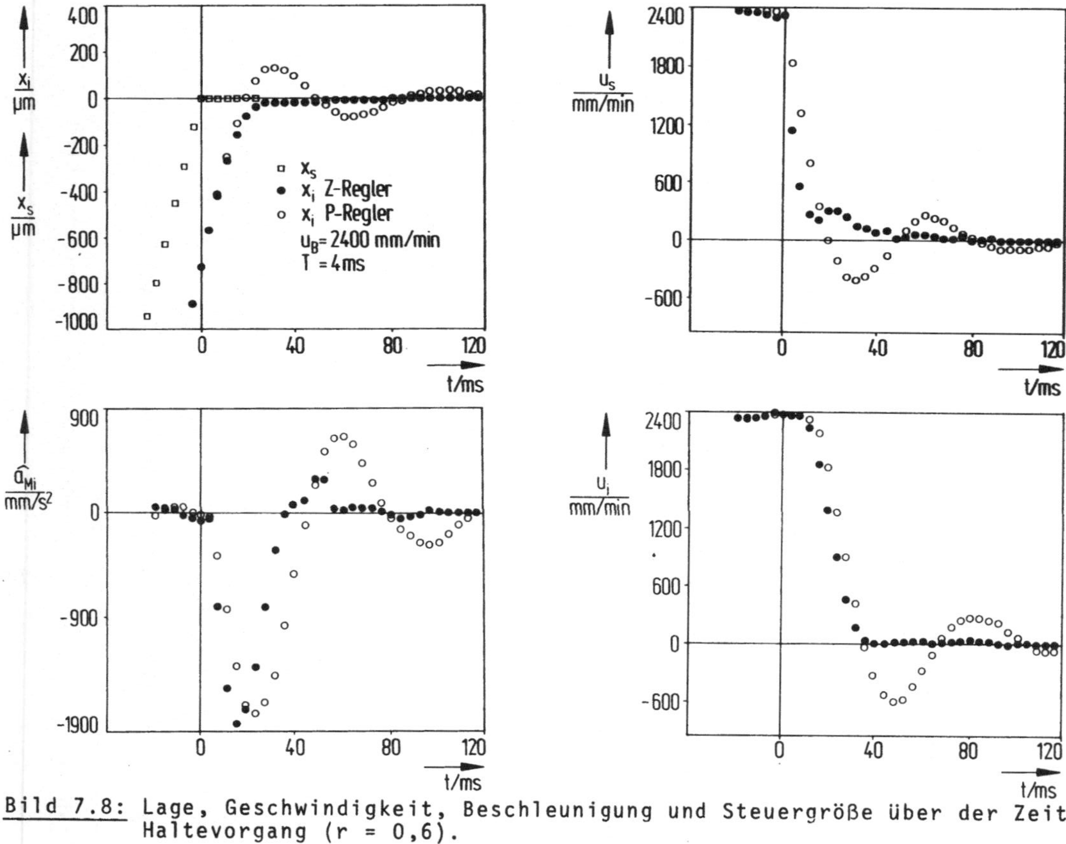

Bild 7.8: Lage, Geschwindigkeit, Beschleunigung und Steuergröße über der Zeit. Haltevorgang (r = 0,6).

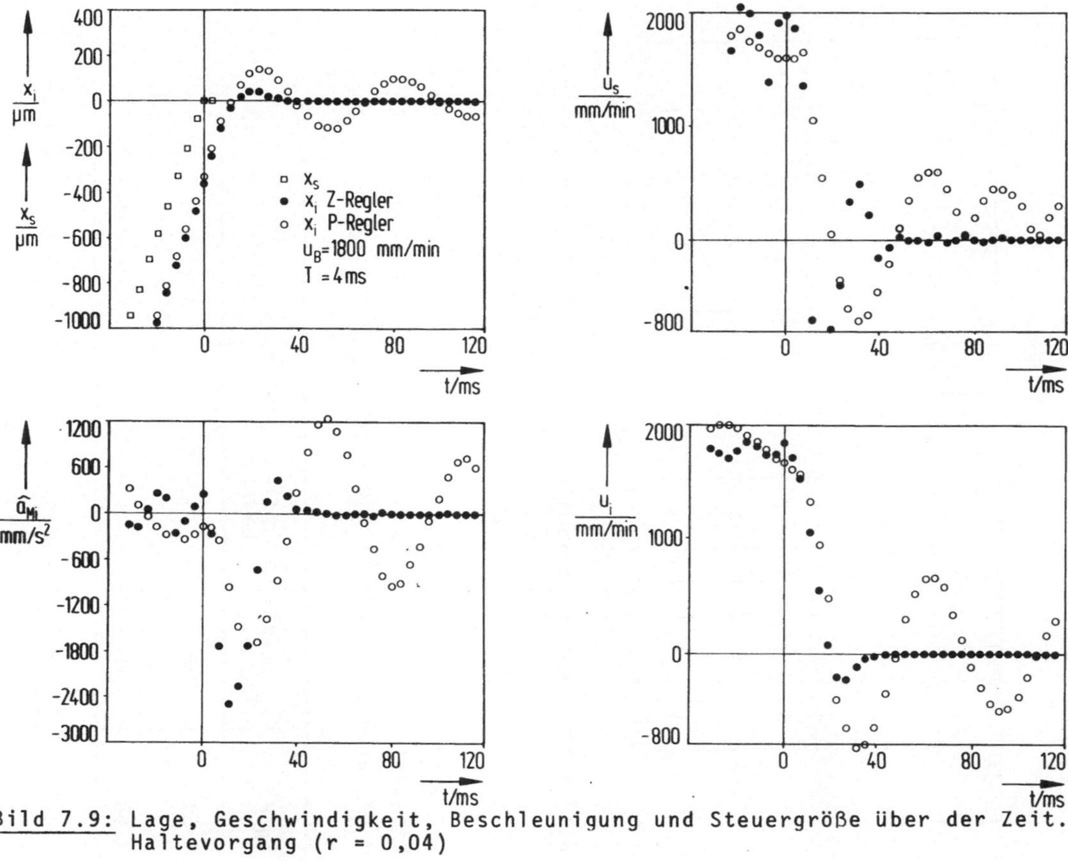

Bild 7.9: Lage, Geschwindigkeit, Beschleunigung und Steuergröße über der Zeit. Haltevorgang (r = 0,04)

Eine Gegenüberstellung von Zustands- und Proportional-Lageregelung anhand der Kennwerte

- Überschwingabweichung $\ddot{u}_a$ (gemessen)
- Maximalbeschleunigung $\hat{a}_{Mmax}$ (beobachtet)

in Abhängigkeit von der Geschwindigkeitsverstärkung K_v zeigt Bild 7.10.

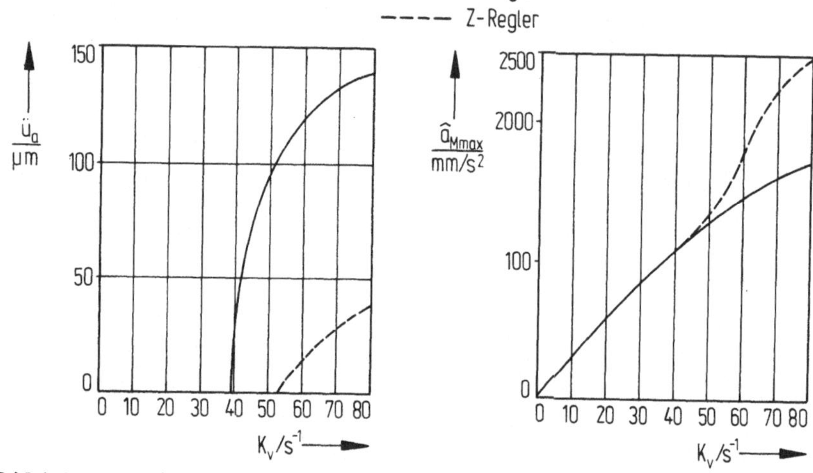

Bild 7.10: Überschwingabweichung und Maximalbeschleunigung in Abhängigkeit von der Geschwindigkeitsverstärkung K_v (T = 4 ms).

Zum Vergleich der Regler werden außerdem die Rechen- und Reaktionszeiten (s. Abschnitt 4.1), sowie der Speicherplatzbedarf der Algorithmen herangezogen (Tabelle 7.4).

$T_R/\mu s$	$T_{Rech}/\mu s$	Speicherplatz-bedarf	
331	535	325 Worte	Z-Regler + Beobachter
98	98	104 Worte	P-Lageregler

Tabelle 7.4: Reaktionszeit, Rechenzeit und Speicherplatzbedarf der Regelalgorithmen.

<u>Bewertung der Meßergebnisse und Vergleich</u>

<u>der Regler</u>

- Positioniervorgänge mit Zustandsreglern verlaufen wesentlich gedämpfter als mit Proportional-Lagereglern (Bilder
  7.8 bis 7.9).

- Die Überschwingabweichung liegt für $K_v > 40$ s^{-1} beim Z-Regler
  wesentlich niedriger; der Wert der Maximalbeschleunigung
  ist jedoch höher (Bild 7.10).

- Die Bandbreite des Lageregelkreises wird bei einer Zustandsregelung nur durch das Beschleunigungsvermögen des Antriebsmotors und die maximale Stellgröße begrenzt. Beim P-Regler dagegen ist die maximal erreichbare Dynamik zusätzlich
  durch die Stabilitätsgrenze beschränkt.

- Die Reaktions- und Rechenzeit des Z-Reglers ist länger als
  die des P-Reglers, ist aber gegenüber der Abtastzeit immer
  noch sehr klein ($T_R/T = 0{,}08$; $T_{Rech}/T = 0{,}13$).

7.1.4 <u>Digitale Zustandsregelung mit Stör-</u>
<u>größenaufschaltung</u>

Die in Abschnitt 7.1.3 behandelte digitale Zustandsregelung
mit unterlagerter analoger Drehzahlregelung stellt aus rege-
lungstechnischer Sicht eine nicht vollständig befriedigende
Lösung dar und zwar deshalb, weil

a) zusätzlich zum digitalen Regelgerät (Mikrorechner) auch
   eine analoge Regeleinrichtung notwendig ist,

b) in Bezug auf das Führungsverhalten des Lageregelkreises
   der unterlagerte Regelkreis bei der Zustandsregelung ei-
   gentlich überflüssig ist,

c) der für das Störverhalten erforderliche I-Anteil im Dreh-
   zahlregler das Führungsverhalten des Antriebs verschlechtert.

Im folgenden wird daher eine Regelung betrachtet, bei der

der Regleraufbau die Lastgröße in Form einer Störgrößenaufschaltung einbezieht.
Die dazu erforderliche Lastgröße x_L (proportional zum Lastmoment) wird mit Hilfe des Zustands- und Störgrößenbeobachters (Gl. 4.15) nachgebildet.

Zustands- und Störgrößenbeobachter

Für die Abtastzeit T = 4 ms ($T/T_m \approx 0,1$) erhält man die um
das Lastmodell erweiterten diskreten Zustandsgleichungen des
ungeregelten Vorschubmotors (einschließlich des Maschinenschlittens).

$$
\begin{bmatrix} \underline{x}(k+1) \\ \\ x_L(k+1) \end{bmatrix} =
\begin{bmatrix}
1 & 0,0983 & 0,0032 & -0,005 \\
0 & 0,9531 & 0,051 & -0,0983 \\
0 & -0,7498 & 0,203 & 0,0469 \\
0 & 0 & 0 & 1
\end{bmatrix}
\begin{bmatrix} \underline{x}(k) \\ \\ x_L(k) \end{bmatrix}
$$

$$
+ \begin{bmatrix} 0,0017 \\ 0,0469 \\ 0,7498 \\ 0 \end{bmatrix} u_s(k) \, , \tag{7.5a}
$$

$$
x_i(k) = \begin{bmatrix} 38 \text{ ms} & 0 & 0 & 0 \end{bmatrix}
\begin{bmatrix} \underline{x}(k) \\ x_L(k) \end{bmatrix} . \tag{7.5b}
$$

Aus den Zahlenwerten der Zustandsgleichungen und den gewähl-
ten Polen $z_{B1} = 0,2$ und $z_{B2} = 0,3$ ergeben sich die Koeffizienten des Beobachters:

$$
\underline{v}(k+1) = \begin{bmatrix} 0,2748 & 0,3792 \\ 0,005 & 0,2252 \end{bmatrix} \underline{v}(k)
+ \begin{bmatrix} 4,8427 \\ -0,476 \end{bmatrix} x_2(k)
$$

$$
+ \begin{bmatrix} 0,3460 \\ 0,7698 \end{bmatrix} u_s(k) \, , \tag{7.6a}
$$

81

$$\begin{bmatrix} \hat{x}_L(k) \\ \hat{x}_3(k) \end{bmatrix} = \underline{\hat{v}}(k) - \begin{bmatrix} 7,3776 \\ 0,4265 \end{bmatrix} x_2(k) \; . \qquad\qquad (7.6b)$$

Für den Test des Beobachters wird vereinfachend das auf den Antrieb (Motor und Werkzeugmaschinenschlitten) wirkende Reibmoment als Störgröße angenommen. Bedingt durch das Haftreibmoment in den Schlittenführungen reagiert der Motor auf Sollwertsignale $|u_s| < 260$ mm/min nicht. Die Last x_L entspricht dann der Größe des Haftreibmoments M_{RH} ($x_L \sim M_{RH}$) (<u>Bild 7.11a</u>). Bewegt sich der Antrieb ($|u_s| \geq 260$ mm/min), ändert sich abhängig von der Istgeschwindigkeit u_i auch die Größe des Reibmoments und damit der Last ($x_L \sim M_R$) (<u>Bild 7.11b</u>).

Zur Beurteilung des Schätzergebnisses wird zusätzlich der Motorstrom ($I_M \sim x_3$) gemessen und mit den Schätzwerten $\hat{x}_3$ und $\hat{x}_L$ verglichen.
Das Ergebnis belegt, daß der Beobachter sowohl die innere Größe x_3 als auch die von außen einwirkende Störgröße x_L gut rekonstruiert. Im stationären Zustand stimmen Schätzwerte und Originalgrößen im Mittelwert genau überein. Während sich die Störung des Meßsignals (Tachosignal) auf den Verlauf von $\hat{x}_3$ praktisch nicht auswirkt, zeigt sie sich verstärkt beim Schätzwert $\hat{x}_L$. Eine Erhöhung der Dynamik des Beobachters ist in diesem Fall daher nicht ratsam.

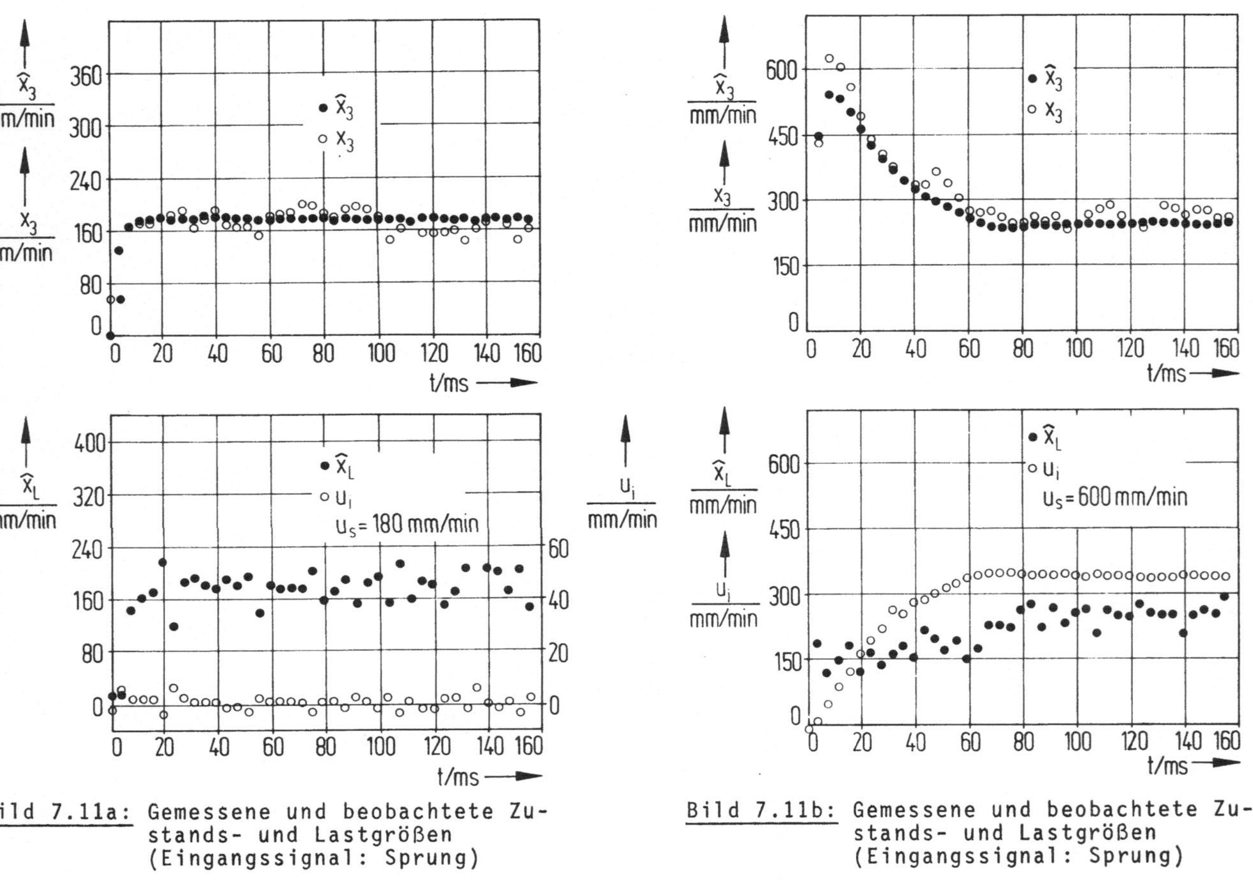

Bild 7.11a: Gemessene und beobachtete Zustands- und Lastgrößen (Eingangssignal: Sprung)

Bild 7.11b: Gemessene und beobachtete Zustands- und Lastgrößen (Eingangssignal: Sprung)

Störgrößenaufschaltung

Da die Lastgröße (stationär) exakt bestimmt wird, können ihre Auswirkungen auf die Geschwindigkeit bzw. die Lage des
Vorschubantriebs durch die Aufschaltung des Schätzwertes $\hat{x}_L$
auf das Eingangssignal des Antriebs (Bild 7.12) kompensiert
werden.

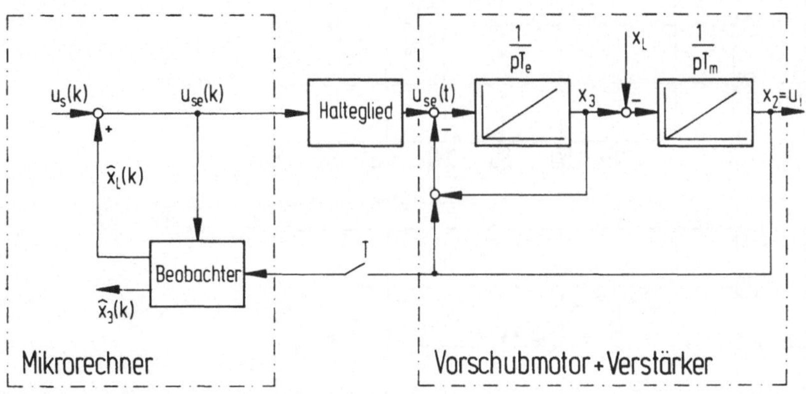

__Bild 7.12:__ Störgrößenaufschaltung.

So wird z. B. durch die Rückführung

$$u_{se}(k) = u_s(k) + \hat{x}_L(k) \tag{7.7}$$

(u_{se} erweiterte Steuergröße)

eine bleibende Abweichung zwischen der Soll- und der Istgeschwindigkeit verhindert (Bild 7.13). Wirkungsmäßig entspricht dies praktisch einem "Integralanteil" in der Beobachterrückführung. Da der Störgrößenbeobachter aber nur bei tatsächlich auftretender Last ein Ausgangssignal abgibt, wird
das Führungsverhalten dadurch nicht beeinträchtigt.

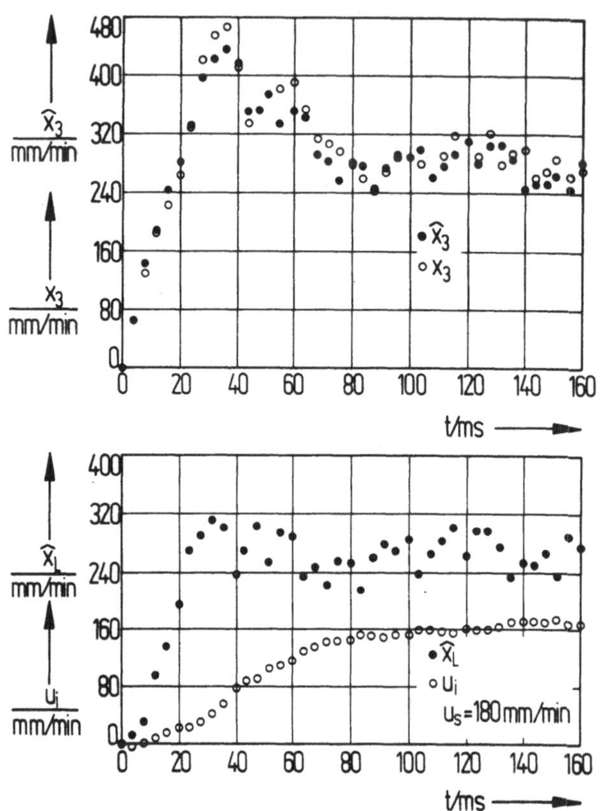

Bild 7.13:
Zustandsgrößen und Last (gemessen bzw. beobachtet) bei Störgrößenaufschaltung.
(Eingangssignal: Sprung)

Störgrößenaufschaltung und Zustandsrückführung

Das Führungsverhalten des Lageregelkreises wird unabhängig vom Störverhalten durch Vorgabe der Regelungspole z_i in der z-Ebene bestimmt. Aus der gewünschten charakteristischen Gleichung des geschlossenen Regelkreises

$$R(z) = \det\left\{ z\underline{I} - \underline{A} + \underline{b}\,\underline{K}' \right\} \tag{7.8}$$

und den diskreten Zustandsgleichungen des ungestörten Systems (T = 4 ms):

$$\underline{x}(k+1) = \begin{bmatrix} 1 & 0,0983 & 0,0032 \\ 0 & 0,9531 & 0,051 \\ 0 & -0,7498 & 0,203 \end{bmatrix} \underline{x}(k) + \begin{bmatrix} 0,0017 \\ 0,0469 \\ 0,7498 \end{bmatrix} u_s(k) \tag{7.9a}$$

$$x_i(k) = [38 \text{ ms} \quad 0 \quad 0]\, \underline{x}(k) \tag{7.9b}$$

werden die Koeffizienten des Zustandsreglers

$$u_s(k) = -[K_1\ K_2\ K_3]\, \underline{x}(k) = -\underline{K}'\, \underline{x}(k) \tag{7.10}$$

berechnet (Verfahren der Polvorgabe /17/).

Die Störgrößenaufschaltung erweitert das Regelgesetz (Gl. 7.10) zu

$$u_{se}(k) = -\underline{K}'\, \underline{x}(k) - K_4\, x_L(k) \tag{7.11a}$$

$$= -K_e'\, \underline{x}_e(k). \tag{7.11b}$$

Die Gewichtung der Störgröße ($K_4\, x_L$) kann aus einer einfachen Überlegung bezüglich der Anforderung an das Störverhalten des Lageregelkreises ($x_s = 0$) abgeleitet werden. Wirkt eine konstante Störgröße x_L auf den Antrieb, so muß die Regelung im stationären Zustand die Forderung

$$x_1\, T_m = x_i = 0 \quad \text{(keine bleibende Abweichung)} \tag{7.12a}$$

und

$$x_2 = u_i = 0 \tag{7.12b}$$

erfüllen. Für die Zustandsgröße x_3, die Last x_L und die Stellgröße u_{se} gilt dann:

$$u_{se}(k) = x_3(k) = x_L(k) = \text{const.} \tag{7.13}$$

Daraus folgt aus Gl. 7.11 mit Gl. 7.12

$$K_4 = -(1 + K_3) \tag{7.14}$$

Die Steuerung $K_1/T_m\, x_s(k)$ und die Beobachterrückführung (Gl. 7.6) modifizieren das Regelgesetz (Gl. 7.11) zu

$$u_{se}(k) = K_1/T_m\, [\, x_s(k) - x_i(k)\,] - K_2\, u_i(k) - K_3\, \hat{x}_3(k)$$

$$- K_4\, \hat{x}_L(k) \tag{7.15}$$

(Bild 7.14).

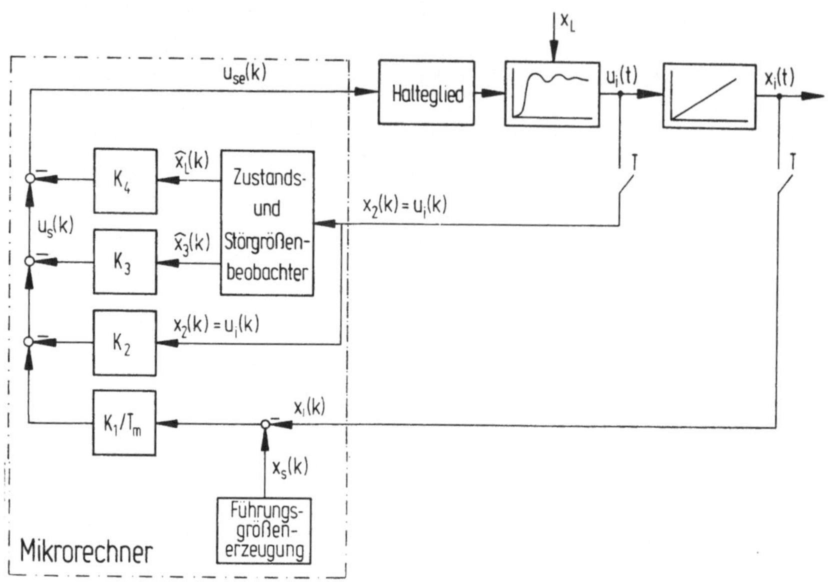

Bild 7.14: Blockschaltbild des Lageregelkreises mit Zustandsrückführung und Störgrößenaufschaltung ohne unterlagerte analoge Drehzahlregelung.

Das Regelsystem wurde für verschiedene Entwürfe untersucht und mit einer konventionellen Lageregelung verglichen. (Beispiel in <u>Tabelle 7.4</u> und <u>Bild 7.15</u>).

Beobachterpole		Regelungspole			K_1	K_2	K_3	$\dfrac{K_v}{s^{-1}}$	$\dfrac{u_B}{mm/min}$
z_{B1}	z_{B2}	z_1	z_2	z_3					
0,2	0,4	0,6	0,6	0,7	6,326	3,546	0,104	35	600
-	-	-	-	-	1,33	-	-	35	600

Tabelle 7.5: Beispiel für die untersuchten Regelungen.

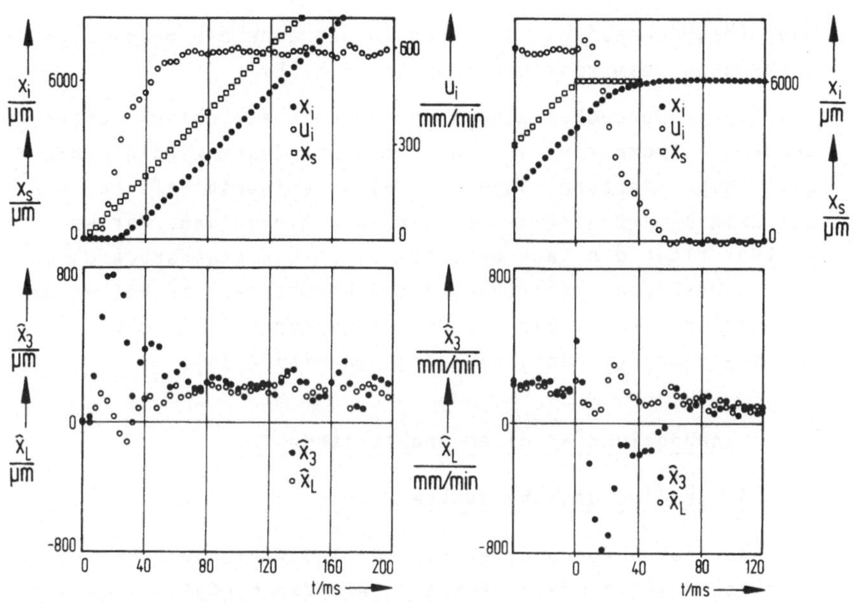

Bild 7.15a: Anfahr- und Haltevorgang;
Zustandsrückführung mit Störgrößenaufschaltung.

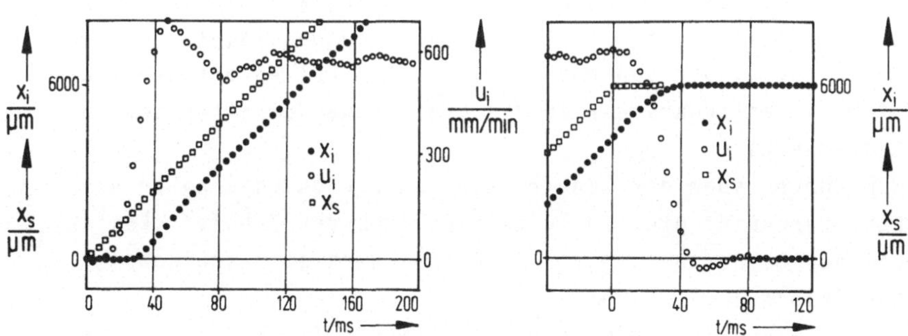

Bild 7.15b: Anfahr- und Haltevorgang;
P-Lageregler, unterlagerter analoger Drehzahlregelkreis.

Als Ergebnis läßt sich zusammenfassen:

- Die Störgrößenaufschaltung verhindert eine bleibende Lageabweichung beim Positionieren (Bild 7.15).

- Die Störgrößenbeobachtung wird nur bei tatsächlich auftretenden Lastmomenten(-kräften) wirksam. Zudem wird das die
Last kompensierende Signal schneller aufgebaut als bei einer unterlagerten (PI)-Geschwindigkeitsregelung. Das Ge-
samtverhalten des Lageregelkreises (mit Zustandsrückführung
und Störgrößenaufschaltung) ist daher besser als bei einem
konventionellen Aufbau mit unterlagerter (PI)-Geschwindig-
keitsregelung (s. Anfahrvorgänge in Bild 7.15).

7.2 Lageregelung an einem Industrieroboter

7.2.1 Allgemeine Gesichtspunkte

Bisher war der Anwendungsbereich von Industrierobotern im
wesentlichen auf einfache Aufgaben wie das Handhaben von Werkstücken oder das Bearbeiten an festen Positionen beschränkt.
Die dabei durchzuführenden Positioniervorgänge stellen relativ geringe Anforderungen an die Einrichtungen zur Lageeinstellung.
In zunehmendem Maße werden Industrieroboter aber auch bahn-
gesteuert für kontinuierliche Bearbeitungsaufgaben herangezogen. Gegenüber den oben aufgeführten Fällen erhöhen sich
hier die Anforderungen an das dynamische Verhalten der Arbeitsmaschine.
Nun führen aber der konstruktive Aufbau und die hohen Arbeitsgeschwindigkeiten zu weitaus größeren Schwierigkeiten
bei der Bahnerzeugung als z. B. bei Werkzeugmaschinen.
Die Gründe dafür sind:
a) Die mechanischen Übertragungsglieder (z. B. Roboterarm
   oder Vorschubgetriebe für hohe Übersetzungen) können bei
   vertretbarem Aufwand nicht so steif ausgelegt werden, wie
   an Werkzeugmaschinen. Daher sind an einem Industrieroboter
   i. allg. mechanische Übertragungsglieder vorhanden, die

durch Beschleunigungsvorgänge oder durch den Bearbeitungs-
prozeß zu Schwingungen angeregt werden /23/.

b) Durch die Kombination von translatorischen und rotato-
rischen Achsen treten nichtlineare Kopplungen (Zentrifu-
galkräfte, Coriolismomente usw. /22/) zwischen den Vorschubantrieben der einzelnen Achsen auf. Diese Kopplungen
machen sich besonders bei hohen Arbeitsgeschwindigkeiten
bemerkbar.
Die Kopplungsmomente und -kräfte lassen sich durch große
Übersetzungsverhältnisse (Getriebeübersetzung, Spindelstei-
gung) in ihrer Wirkung auf das Führungsverhalten der Dreh-
zahlregelkreise reduzieren. Dadurch wird aber nicht verhindert, daß derartige Größen schwingungsfähige mechanische Übertragungsglieder anregen.

Am Beispiel eines 5-achsigen Gerätes für Oberflächenbearbei-
tungsaufgaben (Bild 7.16) sollen einige Probleme der Lageregelung eines bahngesteuerten Industrieroboters behandelt werden.

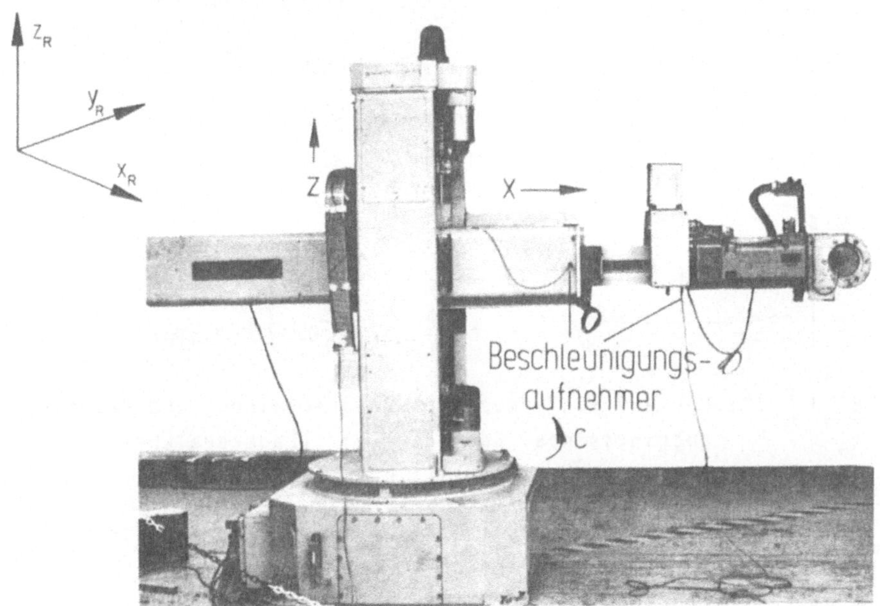

Bild 7.16: 5-achsiger Industrieroboter.

Darüber hinaus wird gezeigt, wie mit den in Abschnitt 4.3
untersuchten Regelverfahren und den in Abschnitt 5.2.2 beschriebenen Zustandsbeobachtern eine Verbesserung des Ge-
samtverhaltens dieser numerisch gesteuerten Maschine erreicht
werden kann.

Besonders kritisch verhalten sich hier die Z- und C-Achse.
In beiden Achsen treten bei Beschleunigungsvorgängen nieder-
frequente, schwach gedämpfte Schwingungen auf (Bild 7.17).

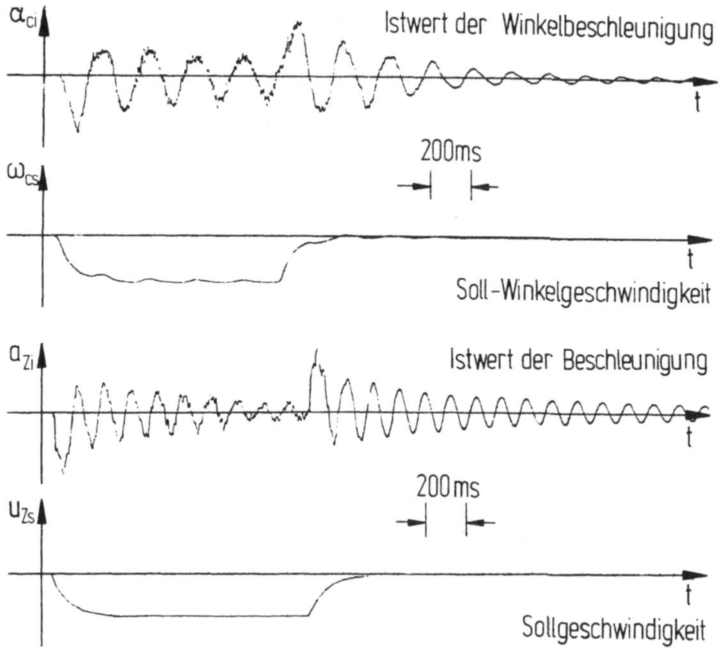

Bild 7.17: Verlauf von gemessener Beschleunigung und Regler-
ausgangssignal über der Zeit (Lageregelkreis ge-
schlossen $K_V = 10 \text{ s}^{-1}$, $u_B = 6 \text{ m/min}$).

In der Z-Achse ist die Ursache dafür in der Nachgiebigkeit
des Roboterarms, in der C-Achse in der Elastizität des Har-
monic-Drive-Vorschubgetriebes zu suchen.

Behält man den Aufbau der Lageregelungen (indirekter Lageregelkreis mit unterlagertem Drehzahlregelkreis) bei, dann
ist eine Reduzierung der mechanisch bedingten Schwingungen
durch zwei Maßnahmen denkbar:

a) Glättung der Führungsgrößen der Lageregelkreise nach /19/.
b) Verringerung der Geschwindigkeitsverstärkung der Lageregelkreise.

Bei der ersten Maßnahme muß jedoch die Führungsbeschleunigung
erheblich reduziert werden, um die gewünschte Wirkung zu er-
zielen. Dadurch erhöhen sich aber die zusätzlich erforderlichen Brems- und Beschleunigungswege beträchtlich. Außerdem
können damit keinesfalls Schwingungen aufgrund von Störein-
flüssen verhindert werden.
Angesichts der geringen Geschwindigkeitsverstärkung ($K_V = 10s^{-1}$)
erscheint die zweite Maßnahme als indiskutabel, da diese
Vorgehensweise das Störverhalten der Lageregelkreise und das
Bahnverhalten des Roboters wesentlich verschlechtert.
Aus diesen Gründen wird für beide Achsen ein Regelkonzept
ausgeführt, bei dem die Rückführung von Zustandsgrößen aus
dem Vorschubantrieb (Drehzahlregelkreis und mechanische Übertragungsglieder) eine verstärkte Dämpfung des Gesamtsystems
bewirkt.
Der Entwurf der Regelungen für beide Achsen beachtet folgende Randbedingungen und Voraussetzungen:

a) Die Lagemessung läßt sich nur indirekt über die Position
   der jeweiligen Motorwelle durchführen.

b) Aus meßtechnischen Gründen kann aus dem mechanischen Übertragungssystem nur die Beschleunigung zurückgeführt werden. Am Roboterarm sind dazu zwei Beschleunigungsaufnehmer
   angebracht, die diese Größe in C- bzw. Z-Richtung erfas-
   sen (s. Bild 7.16).

c) Die Kopplungen zwischen den Roboterachsen sind vernach-
   lässigbar.

d) Das Zeitverhalten der Vorschubantriebe wird durch ein Modell mit konzentrierten Parametern angenähert. Der Modell-

aufbau berücksichtigt dabei jeweils nur die niedrigste mechanische Eigenfrequenz. Die Parameter der Modelle ändern sich mit der Ausfahrlänge des Roboterarms. Diese ist zu jedem Zeitpunkt bekannt, da die Position der X-Achse für deren Lageregelung fortlaufend gemessen wird.

e) Die Abtastzeit muß bedingt durch den Umfang der Aufgaben, die vom Steuerungsrechner zu bewältigen sind (z. B. Führungsgrößenerzeugung und Lageregelung für alle fünf Achsen, Sensordatenverarbeitung), mindestens 8 ms betragen (d. h. $T \geqq 8$ ms).

Einen Überblick über einige technische Daten der Baugruppen der Lageregelkreise in den beiden Achsen gibt <u>Tabelle 7.6</u>:

Regeleinrichtung	C-Achse	Z-Achse
Steuerungs- und Regelrechner	16-bit Worte 32 k Worte Speicher Gleitkommaarithmetik	
Wegmeßsystem	Winkelcodierer	
Auflösung	0,002 Grd	12 μm
Beschleunigungsaufnehmer	Induktiver Geber	
Meßbereich	0,01 m/s^2 bis 200 m/s^2	
Grenzfrequenz	200 Hz	
A/D-Wandler	12 bit ⎤	
D/A-Wandler	12 bit ⎦ Auflösung	
Vorschubantrieb		
max. Motormoment	56 Nm	
max. Motordrehzahl	3000 min^{-1}	
Vorschubgetriebe	Zahnriemen + Harmonic-Drive-Getriebe	Zahnriemen
Übersetzung	i = 22 : 5120	i = 1 : 1

Vorschubantrieb	C-Achse	Z-Achse
max. Arbeitsge-schwindigkeit	1,35 rad/s (= 77,34 Grd/s)	500 mm/s
Verfahrbereich	$\pm$ 0,306 rad	$\pm$ 306 mm

Tabelle 7.6: Technische Daten von Übertragungselementen der Lageregelkreise in der C- und Z-Achse.

Aufgabenstellung

Der vorgesehene Regler soll ein gut gedämpftes Verhalten des Gesamtsystems zur Lageeinstellung gewährleisten. Dieser Forderung entspricht ein minimaler Wert des Gütekriteriums

$$I_D = \sum_{k=0}^{\infty} \left[x_1(k)^2 + r_1\, x_2(k)^2 + r_2\, u_s(k)^2 \right], \qquad (7.16)$$

$r_{1,2}$ Bewertungsfaktoren .

C-Achse	Z-Achse	(Die Angabe der
$x_1 = \varphi_{Mci}\, \omega_{OA}$	$x_1 = z_{Mi}\, \omega_{Omech}$	Parameter ω_{OA} und ω_{Omech} bezieht sich
$x_2 = \omega_{ci}$	$x_2 = u_{zi}$	dabei jeweils auf
$u_s = \omega_{cs}$	$u_s = u_{zs}$	die entsprechende Achse)

In einem ersten Schritt wird ein linearer Zustandsregler bezüglich des Modells der Regelstrecke für den Arbeitspunkt $x = x_{max}$ entworfen. Im weiteren wird dieser Regler zu einem adaptiven Zustandsregler abgewandelt.

Die Ergebnisse sind in den folgenden Abschnitten getrennt für die beiden Achsen beschrieben.

7.2.2 Lageregelung der C-Achse

An einem festen Arbeitspunkt x = const. nähert ein lineares Modell 5. Ordnung das Zeitverhalten des gesamten Vorschub-

antriebs mit ausreichender Genauigkeit an (<u>Bild 7.18</u>). Die
Elastizität des Harmonic-Drive-Getriebes und das (veränder-
liche) Massenträgheitsmoment der mechanischen Übertragungsglieder legen die Größe der mechanischen Kennfrequenz ω_{0mech}
fest.

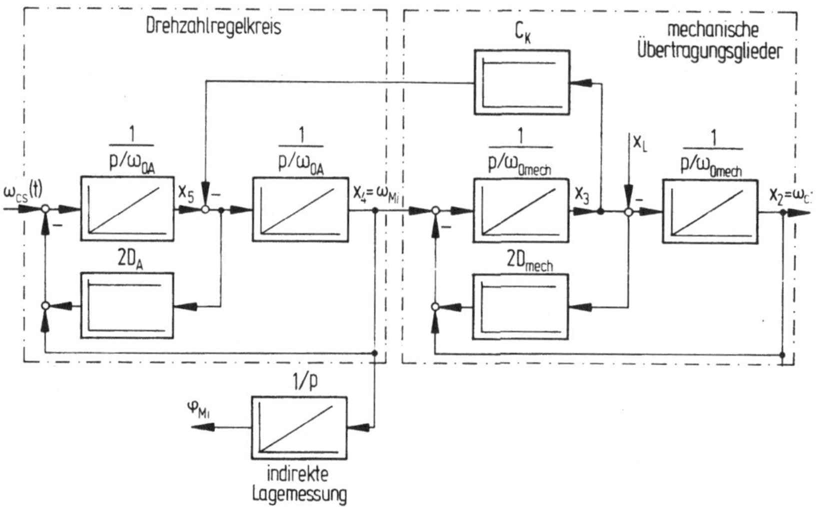

<u>Bild 7.18</u>: Blockschaltbild der Regelstrecke in der C-Achse.

Da die Lagemessung indirekt erfolgt, wird die Zustandsdifferentialgleichung 3.2 entsprechend zu

$$\frac{d\underline{x}}{d\tau} = \begin{bmatrix} 0 & 0 & 0 & 1 & 0 \\ 0 & 0 & \eta & 0 & 0 \\ 0 & -\eta & -2D_{mech}\eta & \eta & 0 \\ 0 & 0 & -C_K & 0 & 1 \\ 0 & 0 & 2D_A C_K & -1 & -2D_A \end{bmatrix} \underline{x}(\tau) + \begin{bmatrix} 0 \\ 0 \\ 0 \\ 0 \\ 1 \end{bmatrix} \omega_{cs}(\tau)$$

$$(7.17a)$$

abgeändert. Den Zusammenhang zwischen den Zustands- und den Meßgrößen drückt die Meßgleichung aus:

$$\begin{bmatrix} \varphi_{Mci}(\tau) \\ \alpha_{ci}(\tau) \end{bmatrix} = \begin{bmatrix} \omega_{0A}^{-1} & 0 & 0 & 0 & 0 \\ 0 & 0 & \omega_{0A} & 0 & 0 \end{bmatrix} \underline{x}(\tau) \qquad (7.17b)$$

Die Streckenparameter gibt abhängig von der Ausfahrlänge des Roboterarms Tabelle 7.7 an.

	c_K	D_A	D_{mech}	ω_{0A}/s^{-1}	ω_{0mech}/s^{-1}	η
x_{max}	0,35	0,3	0,06	62,8	22,6	0,36
x_{min}	0,35	0,3	0,15	62,8	31,4	0,5

Tabelle 7.7: Streckenparameter in Abhängigkeit von der Ausfahrlänge des Roboterarms.

Für eine Abtastzeit T = 8 ms erhält man aus Gl. 7.17a mit den obigen Werten die Zustandsdifferenzengleichung an der Stelle $x = x_{max}$

$$\underline{x}(k+1) = \begin{bmatrix} 1 & 0,002 & -0,039 & 0,481 & 0,112 \\ 0 & 0,984 & 0,177 & 0,016 & 0,003 \\ 0 & -0,177 & 0,949 & 0,17 & 0,04 \\ 0 & -0,014 & -0,142 & -0,874 & 0,414 \\ 0 & -0,011 & 0,124 & -0,405 & 0,64 \end{bmatrix} \underline{x}(k)$$

$$+ \begin{bmatrix} 0,0194 \\ 0,0003 \\ 0,0693 \\ 0,112 \\ 0,416 \end{bmatrix} \omega_{cs}(k). \qquad (7.18)$$

(ω_{cs} Sollwert der Winkelgeschwindigkeit)

Der Reglerentwurf (Lösung der Matrix-Riccati-Differenzenglei-
chung /17/) liefert für $r_1 = 10$ und $r_2 = 9$ den Zustandsregler

$$\omega_{cs}(k) = -[K_1 \ K_2 \ K_3 \ K_4 \ K_5] \ \underline{x}(k) \qquad (7.19)$$

mit

$$K_1 = 0,291, \quad K_2 = 0,458, \quad K_3 = 0,549, \quad K_4 = 0,407$$

$$K_5 = 0,499.$$

Die dem Motorstrom zugeordnete Zustandsgröße x_5 und die aktu-
elle Geschwindigkeit $\omega_{ci} = x_2$ berechnet der Beobachter nach
Gl. 5.8 aus Beschleunigungs- $(\sim x_3)$, Tacho- (x_4) und Sollwert-
signal ω_{cs} zu den Abtastzeitpunkten.
Mit den Polen $z_{B1} = 0,6$ und $z_{B2} = 0,7$ lautet der Beobachter-
algorithmus:

$$\underline{V}(k+1) = \begin{bmatrix} 0,7076 & 0,0648 \\ -0,0124 & 0,5924 \end{bmatrix} \underline{V}(k) + \begin{bmatrix} 0,554 \\ 0,1563 \end{bmatrix} x_3(k)$$

$$+ \begin{bmatrix} 0,29 \\ -0,4373 \end{bmatrix} x_4(k) + \begin{bmatrix} 0,011 \\ 0,4031 \end{bmatrix} u_s(k), \qquad (7.20a)$$

$$\begin{bmatrix} \hat{x}_2(k) \\ \hat{x}_5(k) \end{bmatrix} = \underline{V}(k) + \begin{bmatrix} -1,5616 & 0 \\ 0 & 0,115 \end{bmatrix} \begin{bmatrix} x_3(k) \\ x_4(k) \end{bmatrix}. \qquad (7.20b)$$

Einschließlich der Führungsgröße φ_{cs} gilt für die Reglergleichung somit:

$$\omega_{cs}(k) = K_1 \ \omega_{0A}[\varphi_{cs}(k) - \varphi_{Mi}(k)] - K_2 \ \hat{\omega}_{ci}(k)$$

$$- K_3 \ \alpha_{ci}(k)/\omega_{0A} - K_4 \ \omega_{Mci}(k) - K_5 \ \hat{x}_5(k) \qquad (7.21)$$

Das Blockschaltbild des gesamten Regelsystems zeigt Bild 7.19.

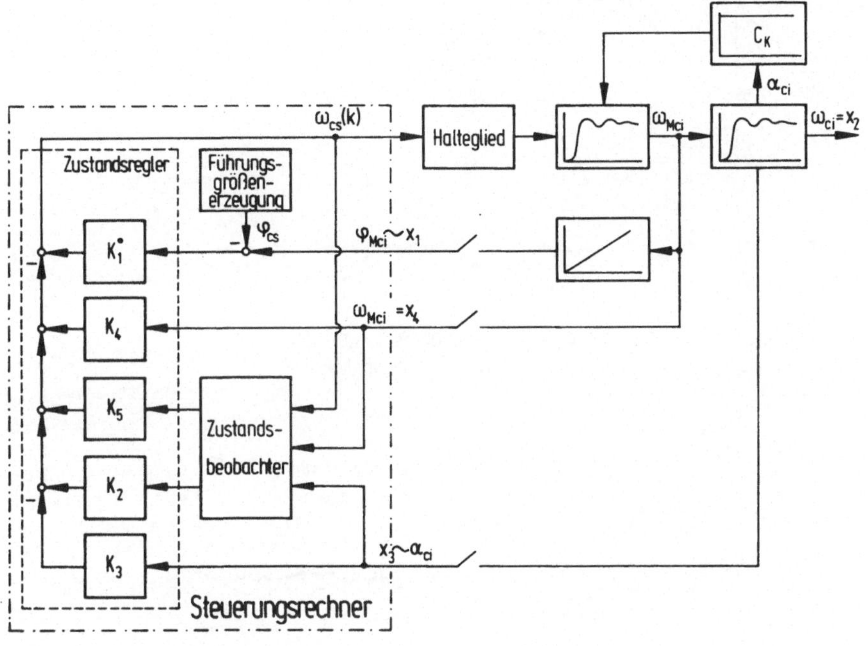

Bild 7.19: Blockschaltbild des Regelsystems.

Die Verbesserung des Übertragungsverhaltens gegenüber einer vergleichbaren konventionellen Lageregelung ($K_{vZ}=K_{vP}=10\ s^{-1}$) zeigt sich besonders im Verlauf der Beschleunigung α_{ci} und der Geschwindigkeit ω_{ci} z. B. bei einem Anfahrvorgang (Bild 7.20).

Der für den Arbeitspunkt $x = x_{max}$ entworfene Regler verhält sich, wie Messungen zeigten, empfindlich bezüglich einer Änderung der Ausfahrlänge des Roboterarms ($x_{max}\longrightarrow x_{min}$). Deshalb ist eine Anpassung der Regelung an die Armlänge unumgänglich.

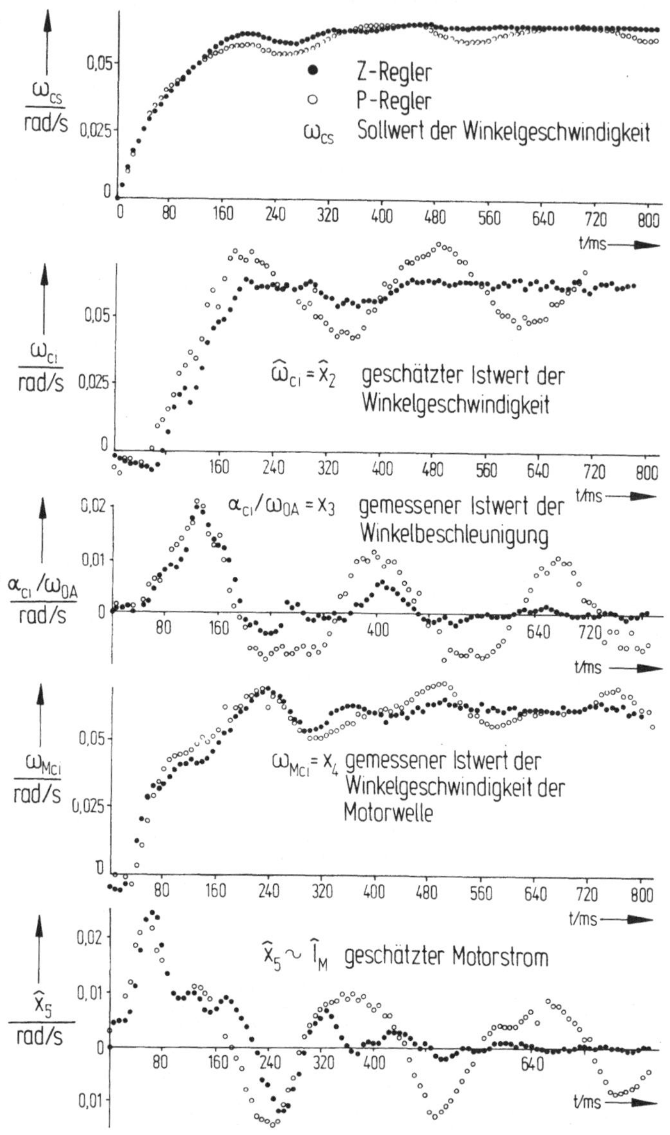

Bild 7.20: Gemessene und beobachtete Zustandsgrößen (ohne x_1) sowie der Geschwindigkeitssollwert über der Zeit. (C-Achse, $x = x_{max}$, Anfahrvorgang)

Da zu jedem Zeitpunkt die Stellung des Arms über die Lagemessung in der X-Achse bekannt ist (x_{Mi}) und sich die Änderung der Streckenparameter abhängig von x als linearer Zusammenhang darstellen läßt, erfolgt die Adaption gesteuert.
Dazu werden aus den für $x = x_{max}$ und $x = x_{min}$ entworfenen
Zustandsreglern (<u>Tabelle 7.8</u>) die Reglerkoeffizienten im
Bereich $x_{min} \lessgtr x \lessgtr x_{max}$ über eine lineare Interpolation nach
der Beziehung

$$K_j(x_{Mi}) = \frac{K_j(x_{max}) - K_j(x_{min})}{x_{max} - x_{min}} \ x_{Mi} + K_j(x_{min}) \qquad (7.22)$$

$$j = 1,2,\ldots,5$$

berechnet.

	K_1	K_2	K_3	K_4	K_5
x_{max}	0,291	0,458	0,549	0,407	0,499
x_{min}	0,205	0,137	0,302	0,29	0,387

Tabelle 7.8: Koeffizienten des Zustandsreglers.

Entsprechend werden auch die Beobachterkoeffizienten an die
Armlänge angepaßt.
Die Wirksamkeit der Adaption veranschaulicht der Beschleuni-
gungsverlauf in der C-Achse beim Durchfahren einer Testbahn
in der y_R, x_R-Ebene (<u>Bild 7.21</u>). Diese Bahn wird durch simul-
tanes Verfahren in der C- und X-Maschinenachse erzeugt (Bahn-
geschwindigkeit u_B = 6 m/min).
Im Vergleich zur konventionellen Regelung verringert die
adaptive Zustandsrückführung, unabhängig von der Verfahr-
richtung und der Position der X-Achse, die Schwingungen bei
Anfahr- und Haltevorgängen in der C-Achse erheblich.

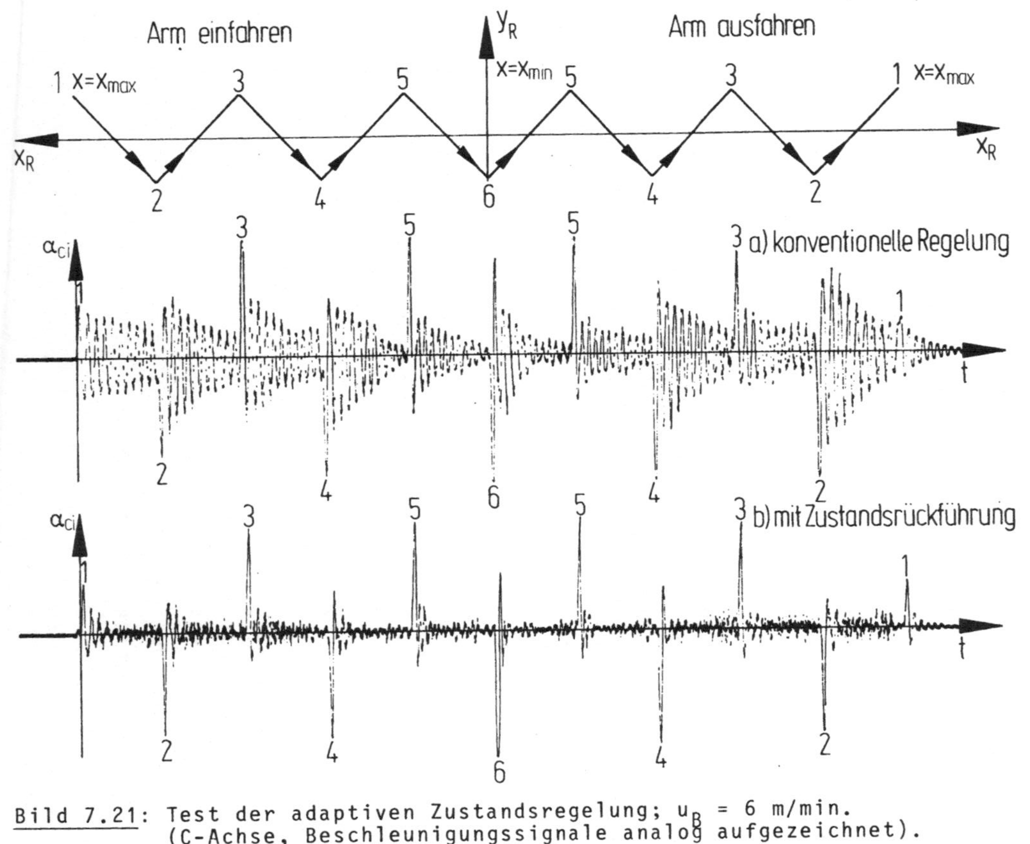

Bild 7.21: Test der adaptiven Zustandsregelung; u_B = 6 m/min. (C-Achse, Beschleunigungssignale analog aufgezeichnet).

7.2.3 Lageregelung der Z-Achse

In der Z-Achse kann das Zeitverhalten der mechanischen Übertragungsglieder durch ein Verzögerungsglied 2. Ordnung angenähert werden. Die mechanische Kennkreisfrequenz ω_{0mech}
hängt hier hauptsächlich von der (veränderlichen) Elastizität des auskragenden Roboterarms (Biegebalken) und den am
Armende befindlichen Massen (Handachsen) ab. Das Zeitverhalten des Drezahlregelkreises ist demgegenüber žu vernachlässigen ($\omega_{0A} > 4\omega_{0mech}$). Daraus ergibt sich das vereinfachte
Blockschaltbild des zu regelnden Systems (Bild 7.22) an
einem Arbeitspunkt (x = const.).

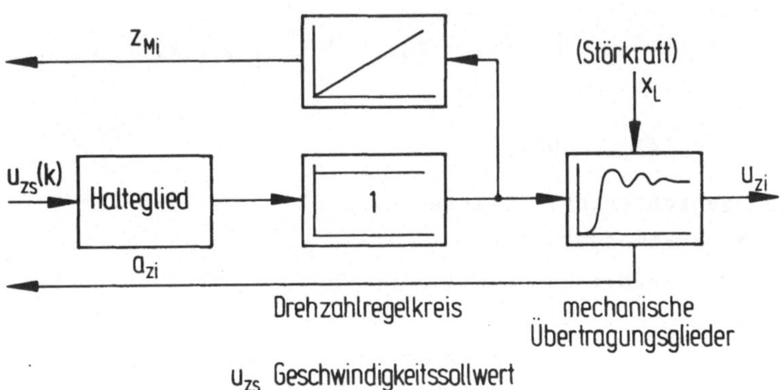

Bild 7.22: Blockschaltbild der Regelstrecke in der Z-Achse.

Damit sind die zugehörigen Zustandsgleichungen der Regelstrecke (s. auch Gl. 3.5) für x = const.:

$$\frac{d\underline{x}}{d\tau} = \begin{bmatrix} 0 & 0 & 0 \\ 0 & 0 & 1 \\ 0 & -1 & -2D_{mech} \end{bmatrix} \underline{x}(\tau) + \begin{bmatrix} 1 \\ 0 \\ 1 \end{bmatrix} u_{zs}(\tau) \qquad (7.23a)$$

und

$$\begin{bmatrix} z_{Mi} \\ a_{zi} \end{bmatrix} = \begin{bmatrix} \omega_{0mech}^{-1} & 0 & 0 \\ 0 & 0 & \omega_{0mech} \end{bmatrix} \underline{x} \cdot \qquad (7.23b)$$

(Meßgleichung)

Da die Vorgehensweise beim Entwurf der Regelung ähnlich derjenigen in der C-Achse ist, soll auf eine ausführliche Darstellung verzichtet und nur kurz auf die Ergebnisse eingegangen werden.

Die Koeffizienten des Zustandsreglers (einschließlich des Steuergliedes)

$$u_{zs}(k) = K_1 \cdot \omega_{0mech} \left[z_s(k) - z_{Mi}(k) \right] - K_2\, a_{zi}(k)$$

$$- K_3\, a_{zi}(k)/\omega_{0mech} \; , \qquad (7.24)$$

sowie die Beobachterkoeffizienten nach Gl. 4.11 sind in Tabelle 7.9 zusammengestellt.

Für x = const. erhält man damit einen Aufbau des Regelsystems in der Z-Achse gemäß Bild 7.23.

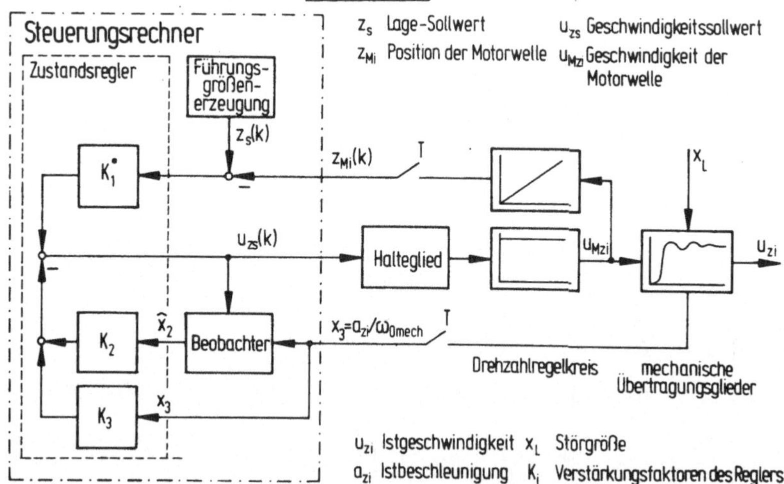

Bild 7.23: Blockschaltbild des Regelkreises.

$$(K_1^x = K_1\, \omega_{0mech})$$

		x_{max}	x_{min}	
Streckenpara- meter (Gl. 7.23)	ω_{0mech}/s^{-1}	45	63	
	D_{mech}	0,02	0,06	
Gütekriterium (Gl. 7.16)	r_1	3	10	Abtastzeit
	r_2	1,5	20	T = 8 ms
Reglerkoeffi- zienten (Gl. 7.24)	K_1	0,23	0,186	Adaption der Re-
	K_2	0,096	0,138	gelung an die
	K_3	0,35	0,47	Stellung des Ro- boterarms nach Gl. 7.22
Geschwindig- keitsverstär- kung (Gl. 4.15)	K_v/s^{-1}	10	10	
Beobachter (Gl. 5.10)	α_1	0,4	0,4	
	α_2	0,6	0,6	
	α_3	1,16	0,9	
	β	-1,55	-1,025	

Tabelle 7.9: Daten des Regelsystems in der Z-Achse.

Der Haltevorgang in Bild 7.24 sowie der Beschleunigungs-
verlauf beim Durchfahren einer Testbahn in der x_R, z_R-Ebene
(Bild 7.25) (Test der Adaption) machen deutlich, daß auch
in der Z-Achse dieses Regelkonzept die Schwingungen der Vorschubeinheit praktisch verhindert.

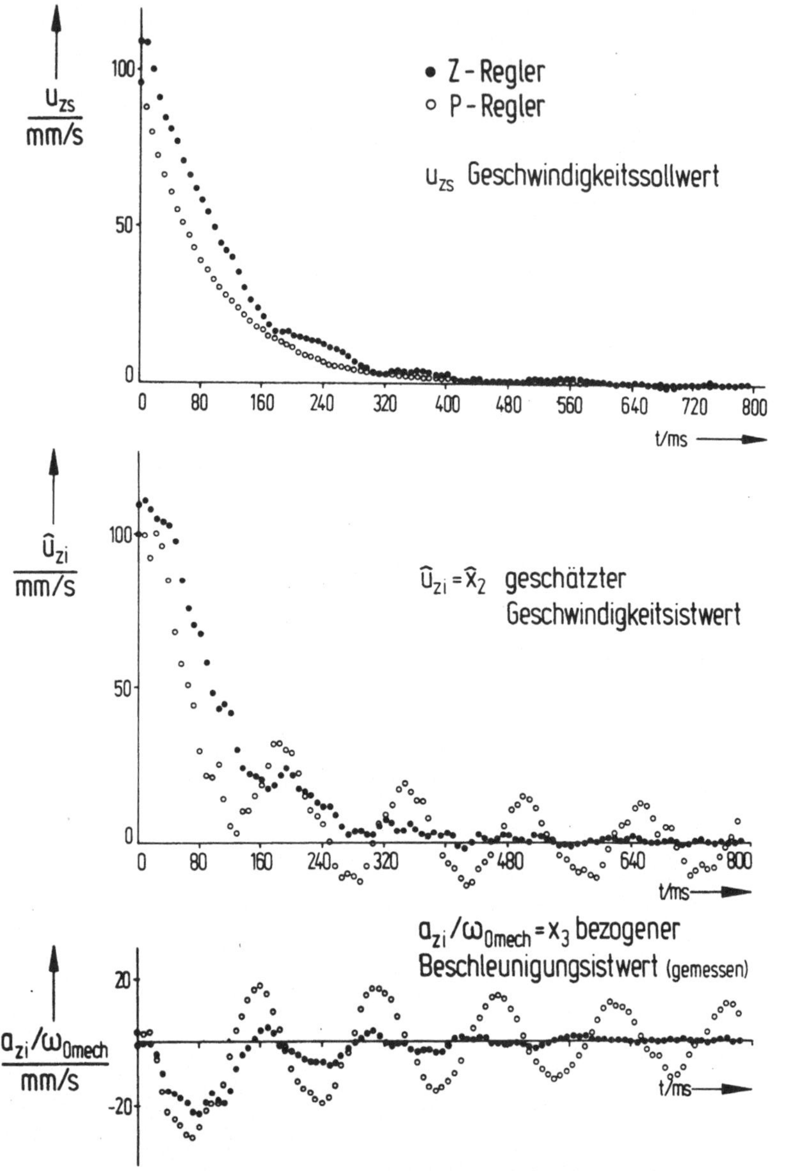

Bild 7.24: Gemessene und beobachtete Zustandsgrößen (ohne x_1) sowie der Geschwindigkeitssollwert über der Zeit. (Z-Achse, $x = x_{max}$, Haltevorgang).

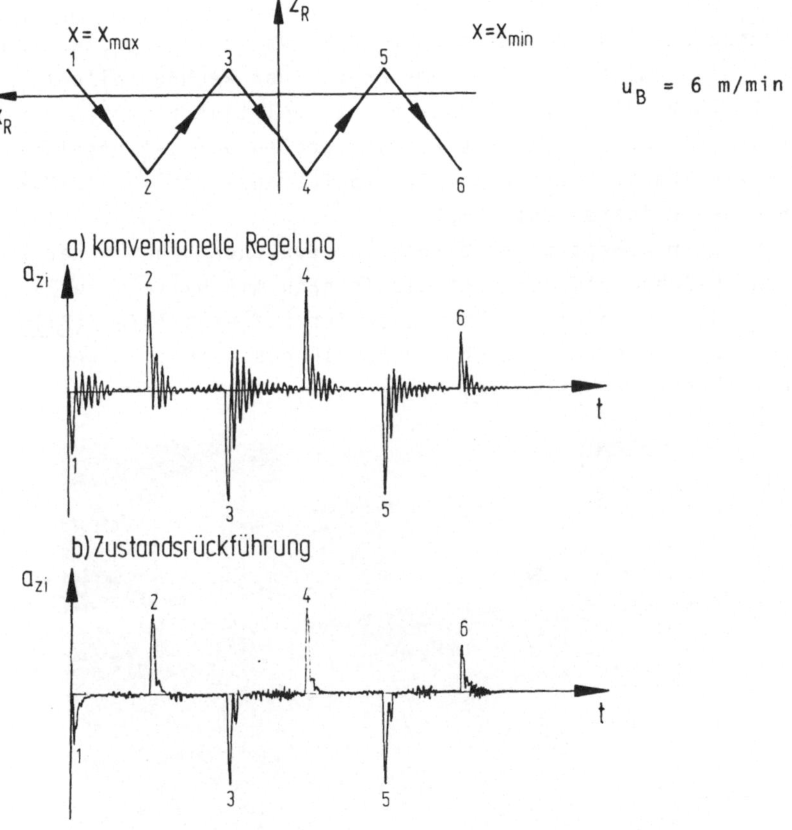

Bild 7.25: Test der adaptiven Zustandsregelung. (Z-Achse, Beschleunigungssignale analog aufgezeichnet)

7.2.4 Auswirkung des Regelverfahrens auf das Bahnverhalten des Roboters und Bewertung der Ergebnisse

Bahnverhalten

Das Regelverfahren wird anhand einer Testbahn mit der konventionellen Lösung (P-Lageregler) verglichen. Als Testbahn wird ein Quadrat im raumfesten Koordinatensystem (x_R, y_R, z_R) gewählt. Der Roboter fährt die Eckpunkte des Quadrates im

Lernbetrieb an. Dort übergeben die Lagemeßsysteme in den Maschinenachsen die Koordinaten dieser Punkte an die Steuerung,
die sie in Raumkoordinaten umrechnet. Der Rechner bildet
die Sollbahn durch eine lineare Interpolation zwischen den
Eckpunkten und erzeugt die Führungsgrößen der Lageregelkreise durch Transformation der Interpolationswerte in das Ma-
schinenkoordinatensystem /24/.
Der Roboter bewegt sich bei der vorgegebenen Bahn in der X-,
Z- und C-Achse und zeichnet die Istbahn mit Hilfe eines an
seiner Hand befestigten Zeichenstifts auf eine Tafel (Bild
7.26). Für unterschiedlich große Bahngeschwindigkeiten sind
die Istbahnen in Bild 7.27 dargestellt.

Bild 7.26: Untersuchung des Bahnverhaltens.
           (Blick auf die Handachsen)

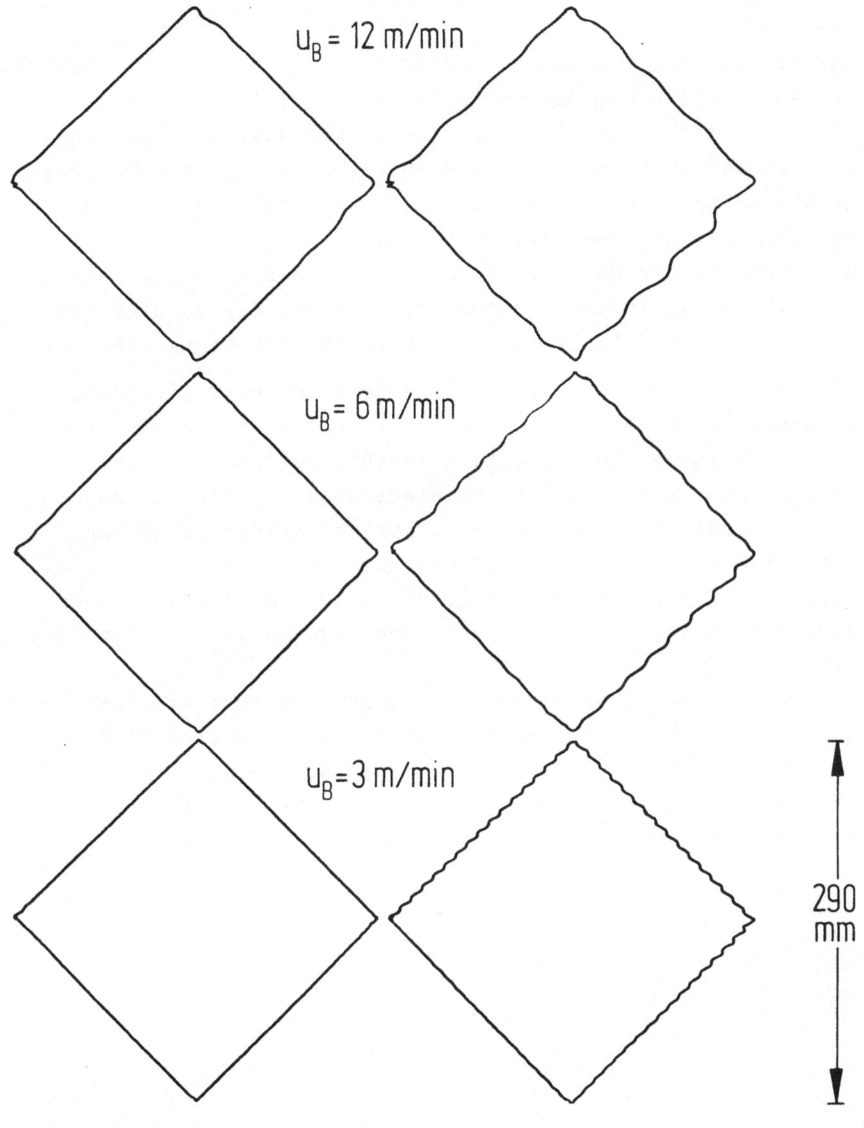

a) Zustandsrückführung   b) konventionelle Lageregelung

<u>Bild 7/27</u>: Bahnverhalten des Industrieroboters.

<u>Bewertung</u>

Der Verlauf der Istbahnen in Bild 7.27 zeigt deutlich, daß die Zustandsrückführung das Verhalten des Gesamtsystems stabilisiert und die Bahnfehler verringert. Die Adaption der Regler- und Beobachterparameter an die Ausfahrlänge des Roboterarms gewährleistet, daß diese Stabilisierung unabhängig von der Position der X-Achse wirksam bleibt.
Die Erhöhung der Rechenzeit beträgt im Vergleich zur P-Regelung für beide Achsen zusammen ca. 1,6 ms, der zusätzliche Speicherbedarf beläuft sich auf ungefähr 370 Worte (16 bit).

In der bisherigen Ausbaustufe der Regelung wird allerdings kein befriedigendes Verhalten hinsichtlich Störungen durch von außen angreifende Kräfte erreicht. Bezieht man jedoch ein Störgrößenmodell in den Beobachteraufbau mit ein (s. Abschnitt 5.3), so kann die Regelung auch auf Störkräfte (z. B. Anschnitt bei der Bearbeitung) wirksam reagieren.
Inwieweit die beschriebenen Lösungen auf Roboter mit einem anderen Achsaufbau übertragbar sind, müssen weitere Arbeiten klären.
Zusammenfassend läßt sich die aufgrund der theoretischen Ergebnisse gemachte Aussage (Abschnitt 4.3.2) wiederholen:
Zustandsregelungen sind besonders bei NC-Maschinen mit elastisch gekoppelten, schwach gedämpften, mechanischen Obertragungsgliedern der herkömmlichen Lageregelung überlegen.

8   Zusammenfassung

Die vorliegende Arbeit befaßt sich mit der Untersuchung digitaler Lageregelsysteme an NC-Maschinen.
Es wird gezeigt, wie die Kaskadenstruktur - Lageregelkreis mit unterlagertem Geschwindigkeitsregelkreis -, die zum großen Teil heute noch in Analogtechnik ausgeführt ist, in eine digitale Lösung mit einem Rechner umgesetzt werden kann. Dazu wird sowohl auf gerätetechnische Gesichtspunkte beim Aufbau derartiger Regelkreise, als auch auf die Reglergleichungen eingegangen. Für die Lage- und Geschwindigkeitsregelalgorithmen (parameteroptimierte Regler) werden optimale Einstellwerte abgeleitet. Außerdem wird auf die Auswirkungen der Quantisierungsungenauigkeiten bei der Ableitung des Geschwindigkeitswertes aus dem Signal des Lagemeßsystems auf das Verhalten des Geschwindigkeitsregelkreises hingewiesen. Zur Ergänzung und Überprüfung der theoretischen Überlegungen wurden die Regelkreise mit einem Mikrorechner an einem Versuchsstand (Werkzeugmaschinenschlitten) aufgebaut.
Das Hauptgewicht der Arbeit liegt auf der Betrachtung zeitdiskreter Zustandsregler (strukturoptimale Regler). Die theoretischen Ergebnisse machen deutlich, daß besonders bei Antrieben mit

- Totzeitverhalten oder
- elastischem Übertragungssystem

diese Regelstrategie einer konventionellen Lösung überlegen ist.
Im Zusammenhang mit der praktischen Anwendung von Zustandsreglern steht die Erfassung von nicht direkt oder nur schwer meßbaren Zustands- und Störgrößen durch Beobachter. So werden Zustands- und Störgrößenbeobachter für verschiedene Grundformen des Zeitverhaltens von Vorschubantrieben hergeleitet.

Eine wichtige Rolle beim Beobachtereinsatz spielt die Frage der Empfindlichkeit des Algorithmus. Die Diskussion dieser Frage am Beispiel eines Beobachters zur Rekonstruktion der Motorbeschleunigung deutet auf eine geringe Empfindlichkeit

bezüglich Parameterschwankungen und Störungen des Meßsignals
hin.

Die Erprobung von Zustandsregelungen mit Beobachterrückführung am Versuchsstand ergibt, daß der Zustandsregler im Gegensatz zum P-Lageregler sowohl

- eine hohe Geschwindigkeitsverstärkung als auch

- ein gut gedämpftes Verhalten des Lageregelkreises bei hohen Arbeitsgeschwindigkeiten

ermöglicht.

In einem praktischen Anwendungsfall, der Lageregelung an einem
bahngesteuerten Industrieroboter für Bearbeitungsaufgaben, stabilisiert dieses Regelverfahren die Lageeinstellung zweier
Maschinenachsen mit elastischen, schwach gedämpften mechanischen Übertragungsgliedern.

Dazu sind für beide Achsen Zustandsregler mit Beobachter-
rückführungen im Steuerungsrechner programmiert, wobei der
Rechner die Regler- und Beobachterkoeffizienten an die jewei-
lige Ausfahrlänge des Roboterarms anpaßt.

Besonders dieses Anwendungsbeispiel weist auf zwei wesentliche Ergebnisse der Arbeit hin:

a) bei Maschinen, deren mechanische Übertragungselemente
   nicht steif genug ausgeführt sind, läßt sich mit Zustandsreglern das Verhalten des Systems zur Lageeinstellung verbessern;

b) der Einsatz eines Digitalrechners erleichtert die Realisierung derartiger Lösungen erheblich.

Im Hinblick auf die Lageregelung an NC-Maschinen für die Hoch-
geschwindigkeitsbearbeitung sollten weitere Untersuchungen
klären, ob durch die Anwendung dieses Regelverfahrens der konstruktive Aufbau derartiger Maschinen verändert werden kann.
Ein mögliches Beispiel dafür ist der Einsatz von Wälz- anstelle von Gleitführungen, was die Reibung im Vorschubantrieb
vorteilhaft verringert. Die Regelung muß dann die Auswirkungen
der daraus resultierenden geringeren mechanischen Dämpfung
kompensieren.

Ein nicht vollständig gelöstes Problem stellt die Automatisierung des Aufbaus derart komplexer Regelungen dar. Zwar ist die Aufgabe des rechnerunterstützten Entwurfs der Regler- und Beobachteralgorithmen grundsätzlich gelöst, als kritischer Punkt muß jedoch weiterhin die Modellbildung angesehen werden.

Berichte aus dem Institut für Steuerungstechnik der Werkzeugmaschinen und Fertigungseinrichtungen der Universität Stuttgart

Herausgegeben von Prof. Dr.-Ing. G. Stute

Erschienen:

ISW 1:   D. Schmid, Numerische Bahnsteuerung, 89 S., 1972

ISW 2:   H. Schwegler, Fräsbearbeitung gekrümmter Flächen, 111 S., 1972

ISW 3:   J. Eisinger, Numerisch gesteuerte Mehrachsenfräsmaschinen, 90 S., 1972

ISW 4:   R. Nann, Rechnersteuerung von Fertigungseinrichtungen, 125 S., 1972

ISW 5:   G. Augsten, Zweiachsige Nachformeinrichtungen, 140 S., 1972

ISW 6:   B. Karl, Die Automatisierung der Fertigungsvorbereitung durch NC-Programmierung, 121 S., 1972

ISW 7:   H. Eitel, NC-Programmiersystem, 117 S., 1973

ISW 8:   E. Knorr, Numerische Bahnsteuerung zur Erzeugung von Raumkurven auf rotationssymmetrischen Körpern, 131 S., 1973

ISW 9:   S. Bumiller, Viskohydraulischer Vorschubantrieb, 123 S., 1974

ISW 10:   K. Maier, Grenzregelung an Werkzeugmaschinen, 139 S., 1974

ISW 11:   J. Waelkens, NC-Programmierung, 159 S., 1974

ISW 12:   E. Bauer, Rechnerdirektsteuerung von Fertigungseinrichtungen, 138 S., 1975

IWS 13:   H. König, Entwurf und Strukturtheorie von Steuerungen für Fertigungseinrichtungen, 206 S., 1976

ISW 14:   H. Damson, Fünfachsiges NC-Fräsen, 143 S., 1976

ISW 15:   H. Jetter, Programmierbare Steuerungen, 141 S., 1976

ISW 16:   H. Henning, Fünfachsiges NC-Fräsen gekrümmter Flächen, 179 S., 1976

ISW 17:   K. Boelke, Analyse und Beurteilung von Lagesteuerungen für numerisch gesteuerte Werkzeugmaschinen, 106 S., 1977

ISW 18:   F.-R. Götz, Regelsystem mit Modellrückkopplung für variable Streckenverstärkung, 116 S., 1977

ISW 19:   H. Tränkle, Auswirkungen der Fehler in den Positionen der Maschinenachsen beim fünfachsigen Fräsen, 103 S., 1977

ISW 20:   P. Stof, Untersuchungen über die Reduzierung dynamischer Bahnabweichungen bei numerisch gesteuerten Werkzeugmaschinen, 118 S., 1978

ISW 21:   R. Wilhelm, Planung und Auslegung des Materialflusses flexibler Fertigungssysteme, 158 S., 1978

ISW 22:   N. Kappen, Entwicklung und Einsatz einer direkten digitalen Grenzregelung für eine Fräsmaschine mit CNC, 123 S., 1979

ISW 23:   H. G. Klug, Integration automatisierter technischer Betriebsbereiche, 124 S., 1978

ISW 24:   D. Binder, Interpolation in numerischen Bahnsteuerungen, 132 S., 1979

ISW 25:   O. Klingler, Steuerung spanender Werkzeugmaschinen mit Hilfe von Grenz-
regeleinrichtungen (ACC), 124 S., 1979

ISW 26:   L. Schenke, Auslegung einer technologisch-geometrischen Grenzregelung
für die Fräsbearbeitung, 113 S., 1979

ISW 27:   H. Wörn, Numerische Steuersysteme. Aufbau und Schnittstellen eines Mehr-
prozessorsteuersystems, 141 S., 1979

ISW 28:   P. B. Osofisan, Verbesserung des Datenflusses beim fünfachsigen NC-Fräsen,
104 S., 1979

ISW 29:   J. Berner, Verknüpfung fertigungstechnischer NC-Programmiersysteme,
101 S., 1979

ISW 30:   K.-H. Böbel, Rechnerunterstütze Auslegung von Vorschubantrieben, 113 S., 1979

ISW 31:   W. Dreher, NC-gerechte Beschreibung von Werkstücken in fertigungstechnisch
orientierten Programmsystemen, 105 S., 1980

ISW 32:   R. Schurr, Rechnerunterstützte Projektierung hydrostatischer Anlagen, 115 S., 19

ISW 33:   W. Sielaff, Fünfachsiges NC-Umfangsfräsen verwundener Regelflächen. Beitrag
zur Technologie und Teileprogrammierung, 97 S., 1981

ISW 34:   J. Hesselbach, Digitale Lageregelung an numerisch gesteuerten Fertigungseinrichtungen, 111 S., 1981

ISW 35:   P. Fischer, Rechnerunterstützte Erstellung von Schaltplänen am Beispiel der
automatischen Hydraulikplanzeichnung, 111 S., 1981

In Vorbereitung:

ISW 36:   U. Ackermann, Rechnerunterstützte Auswahl elektrischer Antriebe für
spanende Werkzeugmaschinen, ca. 118 S., 1981

ISW 37:   W. Döttling, Flexible Fertigungssysteme – Steuerung und Überwachung des
Fertigungsablaufs, ca. 105 S., 1981

Springer-Verlag
Berlin · Heidelberg · New York